图解家装水电工现场施工全流程

计富元　编著

U0291557

江苏凤凰科学技术出版社 · 南京

图书在版编目（CIP）数据

图解家装水电工现场施工全流程 / 计富元编著. --
南京：江苏凤凰科学技术出版社, 2022.6（2023.5）
ISBN 978-7-5713-2937-2

Ⅰ. ①图… Ⅱ. ①计… Ⅲ. ①房屋建筑设备—给排水
系统—建筑安装—图解②房屋建筑设备—电气设备—建筑
安装—图解 Ⅳ. ①TU82-64②TU85-64

中国版本图书馆CIP数据核字(2022)第082490号

图解家装水电工现场施工全流程

编　　　著	计富元	
项 目 策 划	凤凰空间 / 张爱萍　刘立颖	
责 任 编 辑	刘屹立　赵　研	
特 约 编 辑	张爱萍	

出 版 发 行	江苏凤凰科学技术出版社
出版社地址	南京市湖南路1号A楼，邮编：210009
出版社网址	http：//www.pspress.cn
总 经 销	天津凤凰空间文化传媒有限公司
总经销网址	http：//www.ifengspace.cn
印　　刷	河北京平诚乾印刷有限公司

开　　　本	889mm × 1194mm　1/32
印　　张	6
字　　数	175 000
版　　次	2022年6月第1版
印　　次	2023年5月第2次印刷

标 准 书 号	ISBN: 978-7-5713-2937-2
定　　价	59.80元

图书如有印装质量问题，可随时向销售部调换（电话：022-87893668）。

前言

　　随着我国工业技术的发展和家用设施的普及，家装工程已深入到国民经济和人民生活的各个角落，与我们的生活息息相关。城市的日益崛起与建筑业的迅速发展，带动了装饰装修技术的兴盛，一座座楼房拔地而起、一栋栋高楼大厦如雨后春笋般争先恐后地发芽成长。是家装工程技术人员让一栋栋空旷的框架结构，变成了高端大气的建筑物，让平淡无奇的建筑变成建筑装饰艺术的天堂，让城市充满了各式各样明亮的灯光、灯具，让人们眼花缭乱、目不暇接。

　　在整个家装的过程中，家装水电工起到了非常重要的作用。在施工过程中，他们一方面要保证个人的人身安全，另一方面要保证电气系统、电气设备、电气线路、电器用户以及涉及的环境、建筑物、各种设施的安全，这些都是为了大家的安全。他们处于生产第一线，是保证供水安全、干净，电网安全，经济运行及人们生产和生活用水用电的重要人员，他们是不可或缺的。技术人员的技术素质直接影响生产的质量和用电的安全，与社会化的大生产和人民的生活密切相关。

　　本书根据水电装修的过程，针对水电工必懂的知识，进行了系统性的总结归纳，把在家装过程中需要掌握的知识技能图文并茂地讲述出来，简单明了、通俗易懂，使从业者能够更加全面掌握水电工的相关知识。

由于编者编写水平有限，书中难免有疏漏与不足之处，恳请读者朋友们理解并批评指正，以便我们能够更好地完善自身水平。

编者

目录

1

家装水电工现场施工基础知识

1.1 电气基本常识

1.1.1 电路与电路图

1）电路

将某些电气设备或元件用一定的方式组合起来的电流通路称为电路。电路一般由电源、负载、控制装置、连接导线四部分组成，其连接方式如图 1-1 所示。

图 1-1 电路的连接方式

2）电路图

在实际电路技术应用中，采用一些规定的简洁文字、符号、图形，来表示电路的连接情况，对实际电路和电路中的器材、元件进行表述，我们把这种书面表示的电路称为电路模型（又叫实际电路的电路原理图），简称电路图。通过这种方式将电路图的作用体现在电路的研究中。电路中常用的符号见表 1-1，简单的电路图如图 1-2 所示。

表 1-1　电路中常用的符号

实物	符号	实物	符号
 干电池	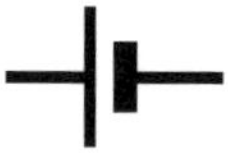 —┤├—	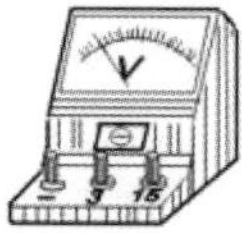 电流表	 Ⓐ
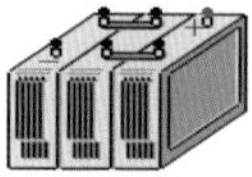 电池组	 —┤│├—	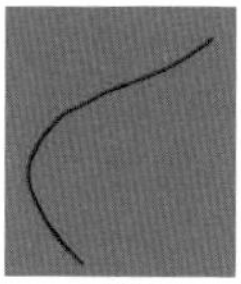 导线	 ——
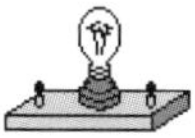 灯泡	 ⊗	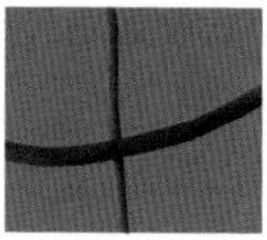 交叉不相连接的导线	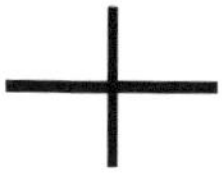 ┼
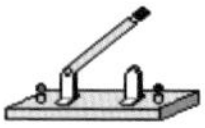 开关	 ⁄	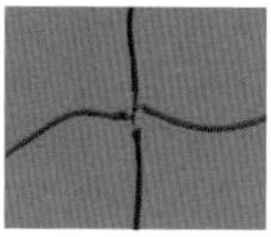 交叉相连接的导线	 ╋

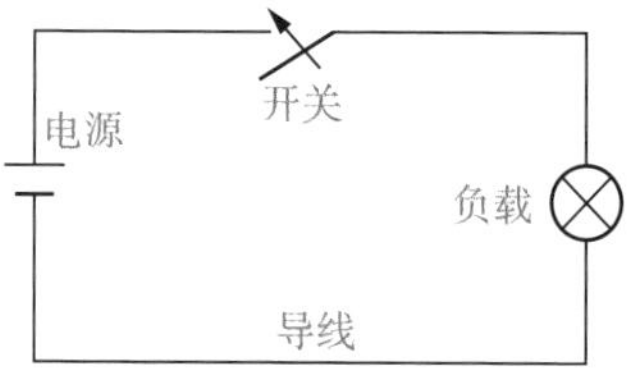

图 1-2　简单的电路图

1.1.2 电阻、电流、欧姆定律

1）电阻

自由电子在导体中做定向移动，形成电流时要受到阻碍，我们把导体对电流的阻碍称为电阻。给一个电路增加一个元件——电阻器，会发现灯泡变暗，这是因为电阻对电流有阻碍作用，使流过灯泡的电流减小，故灯泡变暗。图1-3是一个带有电阻器的电路图。

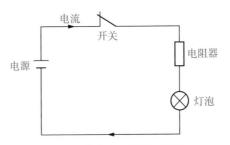

图1-3　带有电阻器的电路图

电阻用 R 表示，单位为欧姆，简称欧，用"Ω"表示。比欧姆大的单位有千欧（$k\Omega$）、兆欧（$M\Omega$），它们的换算关系为：

$$1M\Omega = 10^3 k\Omega = 10^6 \Omega$$

在温度不变的情况下，导体的电阻跟它的横截面面积成反比，跟它的长度成正比，这就是电阻定律。电阻定律的公式为：

$$R = \rho \frac{L}{S}$$

式中　R——导体的电阻（Ω）；

　　　ρ——导体的电阻率（$\Omega \cdot m$），不同的导体，ρ 值一般不同；

　　　L——导体的长度（m）；

　　　S——导体的横截面面积（m^2）。

一些常见导体的电阻率（20℃时）见表1-2。

表1-2　一些常见导体的电阻率（20℃时）

导体	电阻率/（$\Omega \cdot m$）
银	1.62×10^{-8}
铜	1.69×10^{-8}
铝	2.83×10^{-8}

续表1-2

导体	电阻率/（Ω·m）
金	2.4×10^{-8}
钨	5.51×10^{-8}
锡	11.4×10^{-8}
铁	10.0×10^{-8}
铅	21.9×10^{-8}
汞	95.8×10^{-8}
石墨	3500×10^{-8}

决定导体电阻值的因素（图1-4）除了温度外，还有导体的材料、导体对电流的阻碍程度、导体的长度、导体的横截面面积。导体横截面面积越小，导体电阻越大；横截面面积越大，导体电阻越小。在其他因素不变的情况下，导体越短，电阻越小；反之则电阻越大。导体电阻率越大，电阻越大。

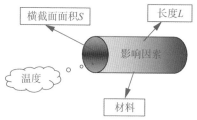

图1-4　导体电阻值的影响因素

2）电流

在电源电压的作用下，导体内的自由电子在电场力的作用下有规律地流动称为电流。如图1-5所示，在手电筒电路中，灯泡EL经开关S接在电池E两端。当开关S闭合时，灯泡在电池电压的作用下发光，说明这时灯泡中有电流流动；当开关S断开时，灯泡EL熄灭，说明这时灯泡中没有电流流动。

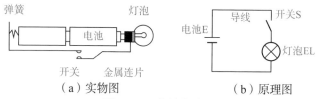

（a）实物图　　　　　（b）原理图

图1-5　手电筒电路图

电流用 I 表示。电流的单位有安培（A）、毫安（mA）、微安（μA）等。换算关系为：

$$1A=1000mA ；1mA=1000μA$$

在直流电路中，人们规定电流是从正极出发经负载电路流向负极，图 1-3 所示的电路中，电流沿着"电池正极→小灯泡→电池负极"的方向流动。交流电路中电流的方向是交变的。

3）欧姆定律

欧姆定律是表示电压、电流、电阻三者关系的基本定律。

部分电路欧姆定律为：电路中通过电阻的电流，与电阻两端所加的电压成正比，与电阻成反比。计算公式为：

$$I=\frac{U}{R}$$

也可以表示为：$U=IR$ 或 $R=\frac{U}{I}$。

式中　　U——电阻两端的电压（V）；

　　　　I——流过电阻的电流（A）；

　　　　R——电阻的大小（Ω）。

全电路欧姆定律是指在闭合电路中（包括电源），电路中的电流与电源的电动势成正比，与电路中负载电阻及电源内阻之和成反比。即：

$$I=\frac{E}{R+R_0}$$

1.1.3　相线、地线、零线

要进行家装强电布线的施工，就要熟悉三线，即相线、地线、零线，如图 1-6 所示。相线与零线是从电力系统输送引入的，其中零线之所以叫"零线"，是因三相平衡时刻中性线中没有电流通过了，再就是它直接或间接地接入大地，跟大地电压一样也接近零。

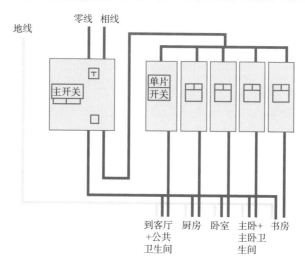

图 1-6　家装强电布线

相线又称火线，它与零线共同组成供电回路。地线是把设备或用电器的外壳靠导体连接大地的线路，也就是说，地线的一端是在用户区附近，用金属导体深埋于地下，另一端与各用户的地线接点相连，起到接地保护，防止触电的作用。

为了便于管理、使用、维护，相线、零线、地线的颜色也是有相关规定的。

三相线中 A 相采用黄色电线，B 相采用绿色电线，C 相采用红色电线。零线一般采用淡蓝色电线。地线一般采用黄绿相间电线。

插座的相线、地线、零线的安装也是有规定的，即插座左孔接零线，中间（上面）孔接地线，右孔接相线。

家装中，地线的查找很容易，配电箱地排端子引出的线自然就是地线。

1.1.4　短路、断路

1）短路

电源通向负载的两根导线，没有经过负载而相互直接接通的现象称为短路。家装用电短路的原因主要是相线与零线没有经过负载而相互直接接通。

短路的现象会引发电路中的电流急剧上升。短路的危害表现为温度升高、烧毁设备、烧毁电线、烧毁电源、破坏电网、发生火灾等。

避免短路现象发生的操作是不要使相线与零线直接接通，而是需要经过电器、灯具等负载后间接接通形成回路。

2）断路

断路就是本应该是连通的，却处于断开状态的异常现象。断路是切断回路，使线路不能够正常工作。家居线路断路主要表现为电线的断路、接线端子的断路等。

1.2 安全用电常识

1.2.1 电流对人体的伤害

1）与触电伤害程度有关的因素

有电流通过人体是触电对人体伤害的最根本原因，流过人体的电流越大，人体受到的伤害越严重。触电对人体伤害程度的具体相关因素如下：

（1）人体电阻的大小。人体是一种有一定阻值的导电体，其电阻大小不是固定的，当人体皮肤干燥时阻值较大（10~100kΩ）；当皮肤出汗或破损时阻值较小（800~1000Ω）；另外，当接触带电体的面积大、接触紧密时，人体电阻也会减小。在接触大小相同的电压时，人体电阻越小，流过人体的电流就越大，触电对人体的伤害也就越严重。

（2）触电电压的大小。当人体触电时，接触的电压越高，流过人体的电流就越大，对人体伤害就越严重。一般规定，在正常的环境下安全电压为36V，在潮湿的场所安全电压为24V和12V。

（3）触电的时间。如果触电后长时间未能脱离带电体，电流长时间流过人体会造成严重的伤害。

此外，即使相同大小的电流，流过人体的部位不同，对人体造成的伤害也不同。电流流过心脏和大脑时，对人体危害最大，所以双手之间、头足之间和手脚之间的触电更为危险。

2）人体对不同电流呈现的症状

当人体不小心接触带电体时，就会有电流流过人体，这就是触电。人体在触电时表现出来的症状与流过人体的电流有关。表1-3是人体通过大小不同的交、直流电流时所表现出来的症状。

表1-3 人体通过大小不同的交、直流电流时所表现出来的症状

电流 /mA	人体表现出来的症状	
	交流（50~60Hz）	直流
0.6~1.5	开始有感觉——手轻微颤抖	没有感觉
2~3	手指强烈颤抖	没有感觉
5~7	手部痉挛	感觉痒和热
8~10	手已难以摆脱带电体，但还能摆脱；手指尖部到手腕剧痛	热感增加
20~25	手迅速麻痹，不能摆脱带电体；剧痛，呼吸困难	热感加强，手部肌肉收缩
50~80	呼吸麻痹，心室开始颤动	强烈的热感，手部肌肉收缩，痉挛，呼吸困难
90~100	呼吸麻痹，延续3s或更长时间，心脏麻痹，心室颤动	呼吸麻痹

从表中可以看出，流过人体的电流越大，人体表现出来的症状越强烈，电流对人体的伤害越大；另外，对于相同大小的交流电流和直流电流来说，交流电流对人体伤害更大一些。

一般规定，10mA以下的工频（50Hz或60Hz）交流电流或50mA以下的直流电流对人体是安全的，故将该范围内的电流称为安全电流。

1.2.2 人体触电的几种方式

人体触电的方式主要有单相触电、两相触电和跨步触电。

1）单相触电

单相触电是指人体只接触一根相线时发生的触电。单相触电又分为电源中性点接地触电和电源中性点不接地触电。

（1）电源中性点接地触电方式如图1-7所示。电源中性点接地

触电是在电力变压器低压侧中性点接地的情况下发生的。

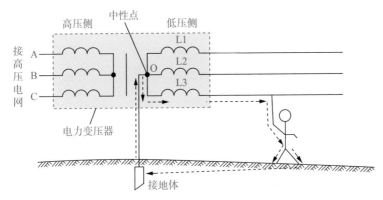

图1-7　电源中性点接地触电

该触电方式对人体的伤害程度与人体与地面的接触电阻有关。若赤脚站在地面上，人与地面的接触电阻小，流过人体的电流大，触电伤害大；若穿着胶底鞋，则伤害轻。

（2）电源中性点不接地触电方式如图1-8所示。电源中性点不接地触电是在电力变压器低压侧中性点不接地的情况下发生的。

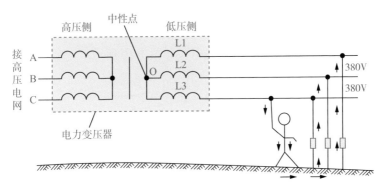

图1-8　电源中性点不接地触电方式

该触电方式对人体的伤害程度除了与人体和地面的接触电阻有关外，还与电气设备电源线和地之间的绝缘电阻有关。若电气设备绝缘性能良好，一般不会发生短路；若电气设备严重漏电或某相线与地短路，则加在人体上的电压将达到380V，从而导致严重的触电事故。

2）两相触电

两相触电是指人体同时接触两根相线时发生的触电，如图1-9所示。

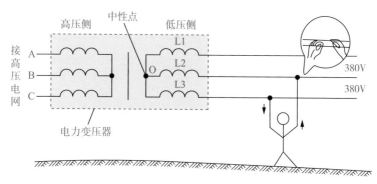

图1-9　两相触电

由于加到人体的电压有380V，故流过人体的电流很大，在这种情况下，即使触电者穿着绝缘鞋或站在绝缘台上，也起不到保护作用，因此两相触电对人体是很危险的。

3）跨步触电

当电线或电气设备与地发生漏电或短路时，有电流向大地泄漏扩散，在电流泄漏点周围会产生电压降，当人体在该区域行走时会发生触电，这种触电称为跨步触电，如图1-10所示。

图1-10　跨步触电

当人在导线落地点周围行走时，由于两只脚的着地点与导线落地点的距离不同，这两点间电压也不同，存在着电压差，该电压使电流流过两只脚，从而导致人体触电。

一般来说，在低压电路中，在距离电流泄漏点 1m 范围内，电压约降到 60%；在 2~10m 范围内，电压约降到 24%；在 11~20m 范围内，电压约降到 8%；在 20m 以外电压就很低，通常不会发生跨步触电。

根据跨步触电原理可知，只有两只脚的距离小才能让两只脚之间的电压小，才能减轻跨步触电的危害。所以，当不小心进入跨步触电区域时，不要急于迈大步跑出来，而是迈小步或单足跳出。

1.2.3　接地与接零

电气设备在使用过程中，可能会出现绝缘层损坏、老化或导线短路等现象，这样会使电气设备的外壳带电，如果人不小心接触外壳，就会发生触电事故。解决这个问题的方法就是将电气设备的外壳接地或接零。

1）接地

接地是指将电气设备的金属外壳或金属支架直接与大地连接。

以图 1-11 为例说明。为了防止电机外壳带电而引起触电事故，对电机进行接地，即用一根接地线将电机的外壳与埋入地下的接地装置连接起来。当电机内部绕组与外壳漏电或短路时，外壳会带电，将电机外壳进行接地后，外壳上的电会沿接地线、接地装置向大地泄放掉，在这种情况下，即使人体接触电机外壳，也会由于人体电阻远大于接地线与接地装置的接地电阻（接地电阻通常小于 4Ω），外壳上电流绝大多数从接地装置泄入大地，而沿人体进入大地的电流很小，不会对人体造成伤害。

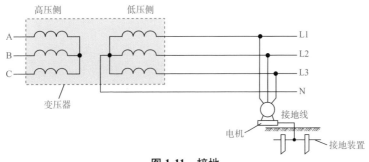

图 1-11　接地

2）接零

接零是指将电气设备的金属外壳或金属支架等与零线连接起来。

以图 1-12 为例说明。变压器低压侧的中性点引出线称为零线，零线一方面与接地装置连接，另一方面和三根相线一起向用户供电。由于这种供电方式采用一根零线和三根相线，因此称为三相四线制供电。为了防止电机外壳带电，除了可以将外壳直接与大地连接外，也可以将外壳与零线连接，当电机某绕组与外壳短路或漏电时，外壳与绕组间的绝缘电阻下降，会有电流从变压器某绕组→相线→漏电或短路的电机绕组→外壳→零线→中性点，最后到相线的另一端。该电流使电机串接的熔断器熔断，从而保护电机内部绕组，防止故障范围扩大。在这种情况下，即使熔断器未能及时熔断，也会由于电机外壳通过零线接地，外壳上的电压很低，因此人体接触外壳不会产生触电伤害。

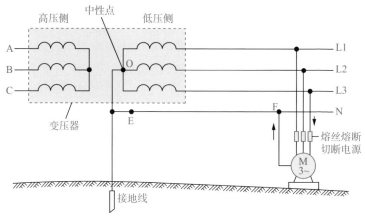

图 1-12　接零

对电气设备进行接零，在电气设备出现短路或漏电时，会让电气设备呈现单相短路，可以让保护装置迅速动作而切断电源。另外，通过将零线接地，可以拉低电气设备外壳的电压，从而避免人体接触外壳时造成触电伤害。

3）采用保护接零时的注意事项

（1）严格防止零线断线。为了严防零线断开，在零线上不允许单独装设开关和熔断器。若采用自动开关，只有当过电流脱扣器动作后同时切断相线时，才允许在零线上装设电流脱扣器。

（2）严防接零和接地同时混用。在同一接零保护系统中，如果有的设备不接零而接地，将使这一系统内的所有设备都呈现危险电压 U。必须把这一系统内的所有电气设备的外壳与零线连接起来，构成一个零线网络，才能确保接零设备的安全。

（3）严防中性点接地线断开。接零系统中任何一点接地线断开都会导致接在零线上的电气设备出现近于相电压的对地电压，这对人体是十分危险的。

（4）严禁电气设备外壳的保护零线串联，应分别接零线。

（5）单相用电设备的工作零线和保护零线必须分开设置，不准共用一根零线。

（6）为了安全，系统中的零线应重复接地。例如，架空线路每隔 1km 处、分支端、电源进户处及重要的设备，均应重复接地。

1.2.4　触电急救方法

当发现人体触电后，第一步是让触电者迅速脱离电源，第二步是对触电者进行现场救护。

1）让触电者迅速脱离电源可采用的方法

（1）切断电源。如断开电源开关、拔下电源插头或瓷插保险等，对于单极电源开关，断开一根导线不能确保一定切断了电源，故尽量切断双极开关（如闸刀开关、双极空气开关）。

（2）用带有绝缘柄的利器切断电源线。如果触电现场无法直接切断电源，可用带有绝缘手柄的钢丝钳或带干燥木柄的斧头、铁锨等利器将电源线切断，切断时应防止带电导线断落触及周围的人体。不要同时切断两根线，以免两根线通过利器直接短路。

（3）用绝缘物使导线与触电者脱离。常见的绝缘物有干燥的木棒、竹竿、塑料硬管和绝缘绳等，用绝缘物挑开或拉开触电者接触的导线。

（4）拉拽触电者衣服，使之与导线脱离。拉拽时，可戴上手套或在手上包缠干燥的衣服、围巾、帽子等绝缘物拖拽触电者，使之脱离电源。若触电者的衣裤是干燥的，又没有紧缠在身上，可直接用一只手抓住触电者不贴身的衣裤，将触电者拉脱电源。拖拽时切勿触及触电者的皮肤。还可以站在干燥的木板、木桌椅或橡胶垫等绝缘物品上，用一只手把触电者拉脱电源。

2）对触者进行现场救护

触电者脱离电源后，应先就地进行救护，同时通知医院并做好将触电者送往医院的准备工作。

在现场救护时，根据触电者受伤害的轻重程度，可采取的救护措施如下：

（1）对于未失去知觉的触电者。如果触电者所受的伤害不太严重，神志尚清醒，只是心悸、头晕、出冷汗、恶心、呕吐、四肢发麻、全身乏力，甚至一度昏迷，但未失去知觉，则应让触电者在通风暖和的地方静卧休息，并派人严密观察，同时请医生前来或送往医院诊治。

（2）对于已失去知觉的触电者。如果触电者已失去知觉，但呼吸和心跳尚正常，则应将其舒适地平卧着，解开衣服以利呼吸，四周不要围人，保持空气流通，冷天应注意保暖，同时立即请医生前来或送往医院诊查。若发现触电者呼吸困难或心跳失常，应立即施行人工呼吸或胸外心脏按压。

（3）对于"假死"的触电者。触电者"假死"可能有的三种临床症状，如图 1-13 所示。

图 1-13　触电者"假死"可能有的三种临床症状

当判定触电者呼吸和心跳停止时，应立即按心肺复苏法就地抢救，并立即请医生前来。心肺复苏法就是支持生命的三项基本措施：通畅气道、口对口（鼻）人工呼吸、胸外心脏按压（人工循环）。

1.2.5　现场施工安全注意事项

家装电工的主要工作是完成对家庭配电线路的设计与规划、供电线路的敷设及相关电气部件和电气设备的安装等，家装电工很多时候都会接触交流 220V 市电，若操作不当或工作疏忽极易造成人身损害及设备的损毁，严重时还会引发火灾。

因此，家装电气操作人员必须具备安全用电的基本常识，并掌握必要的安全操作规范。

1）操作前必须进行验电

电气线路在未经测电笔确定无电前，应一律视为"有电"，不可以用手触摸，必须要进行验电确认。

不可以绝对相信绝缘体，在实际操作时要当成有电操作。为了安全，要用试电笔测试用电线路是否带电，如图 1-14 所示。

图 1-14　试电笔验电

2）不可以用潮湿的手进行线路敷设及安装操作

在进行线路敷设及安装操作时，不可用潮湿的手去触摸开关、插座和灯座等用电装置，如图 1-15 所示，更不可用湿抹布去擦拭电气装置及用电器具。

图 1-15　湿手触摸开关

3）操作前一定要切断电源

移动电气设备或线路时，一定要在断电的前提下进行，如图 1-16 所示。确定关断电源，不要带电更改电气设备或供电用电线路，必须先用试电笔检查是否有电，确认无电后方可进行工作。凡是安装设备或修理设备完毕时，在送电前进行严格检查，确认安全了方可送电。

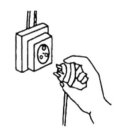

图1-16 切断电源

对于复杂的操作，通常要由两个人执行，其中一人负责操作，另一个人作为监护，以便在发生突发情况时及时处理与救护。

特别要注意的是，即使当前线路已经停电，也要将电源断开，以防止突然来电，对人体造成伤害。

4）确保操作常用工具性能良好

家装电工操作人员所使用的工具是保护人身体的最后一道防线，如果出现问题，极易对人体造成伤害。电工操作时对设备、工具等的要求较高，一定要定期对设备、工具以及所佩戴的绝缘物品进行严格的检查，以保证它们的性能良好，且要定期更换。

5）确保操作环境安全

在电工作业前，一定要对环境进行细致核查，尤其是对于环境异常的情况更要仔细核查。核查线路安装环境有无漏电隐患。核查安装线路有无漏电迹象。核查操作环境有无必备的消防器材。核查施工现场临时配电盘有无漏电、过压保护。

6）临时用电线路连接必须规范

家装电工必须具备专业的安全知识和操作技能。操作现场临时用电线路必须采用三相五线制供电，明确工作零线和保护零线分开使用，确保现场施工用电安全。

家装操作中，临时用电线路必须使用具有护套保护作用的导线或电缆线，不可以使用劣质的导线。

施工现场禁止将多个大功率电气设备连接在一个接线板上，避免线路超负荷工作从而引发火灾。

7）其他安全防护知识

（1）使用梯子作业时，所使用的梯子要有防滑措施，踏步应牢固无裂纹，梯子与地面之间的角度以 75° 为宜。在工作中要有人扶住没有搭勾的梯子。使用人字梯时，拉绳必须牢固。

（2）家装电工操作过程必须按照规范以及处理原则进行正确施工。

（3）家装电工操作过程中，要使用专门的电工工具，如电工刀、电工钳等，因为这些专门的电工工具都采用了防触电保护设计的绝缘柄。

（4）家装操作时要确保使用安全的电气设备和导线，切忌超负荷用电。

（5）在进行家装操作线路连接时，正确接零、接地非常重要。严禁采取将接地线代替零线或将接地线与零线短路等方法。严禁将地线接在煤气管、水管或天然气管路上。

（6）家装操作完毕后，要对现场进行清理。保持电气设备和线路周围的环境干燥、清洁。

（7）对安装好的电气设备或线路进行仔细核查，核查电气设备工作是否正常、线路是否过热等。

1.3 家装现场施工常用术语

1.3.1 家装水路现场施工常用术语

1）开线（管）槽

开线（管）槽也叫打暗槽。用切割机或其他工具在墙上打出一定深度的槽，将线管埋设在槽里，这样墙面外就看不到线管，从而显得美观。一般要求线（管）槽要横平竖直，不走斜线，如图 1-17 所示。

2）暗管

暗管指埋设在管槽里的管，包括很多种类，如 PP-R 管、镀锌管等。埋设在管槽中的 PP-R 水管与 PVC 线管，如图 1-18 所示。

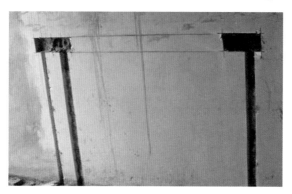

图 1-17 线（管）槽

图 1-18 PP-R 水管与 PVC 线管

3）PP-R 给水管

PP-R 给水管是目前水路改造中最常用的一种供水管道，如图
1-19 所示。

图 1-19 PP-R 给水管

其优点如图 1-20 所示。

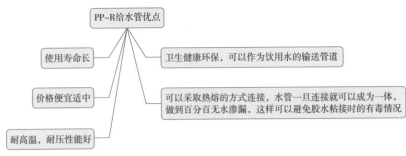

图 1-20　PP-R 给水管优点

4）内丝、外丝

内丝是螺纹在里面的配件，如内丝弯头、内丝三通等，如图 1-21 所示。外丝相对内丝则相反，是螺纹在外面的。如堵头、对丝等都为外丝，如图 1-22 所示。

图 1-21　内丝弯头

图 1-22　外丝

5）球阀或阀门

球阀或阀门是水管的开关，控制整个管路的总开关。PP-R 的球阀（图 1-23）一般是安装在主管道上，进水口和出水口水平放置。角阀（图 1-24）一般安装在墙上出水口位置，进水口与出水口方向垂直。

图 1-23　PP-R 球阀

图 1-24　角阀

6）橡塑保温管

橡塑保温管是包裹在管道外面的保护套，如图 1-25 所示。一般包裹在热水管上起保温节能的作用，包裹在下水主管上可起静音的作用。

7）堵头（闷头）

两个名称表示的是同一个配件，指的是水管安装好后，在水龙头没装时暂时堵住出水口的一个小塑料块，如图 1-26 所示。

图 1-25 橡塑保温管   图 1-26 堵头

8）卡子

卡子是用来固定管道的，水管和电管的固定是同一个道理。另外，卡子有单个的（图 1-27），也有联排的，还有的是吊卡。

9）地漏

地漏是地漏口的金属件，如图 1-28 所示。

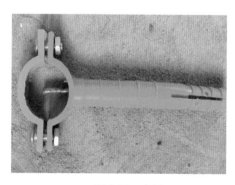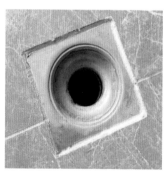

图 1-27 卡子   图 1-28 地漏

1.3.2 电路现场施工常用术语

1）强电

强电一般是指交流电电压在 24V 以上，比如家庭中的电灯、插座等，电压在 110V~220V，属于强电。家用的照明灯具、电热水器、取暖器、电冰箱、电视机、空调、音响设备等均为强电电器设备。

2）弱电

弱电是一种信号电，用于信息的传送与控制，其特点是电压低、电流小、功率小、频率高，主要考虑的是信息传送的效果问题，比如信息传送的保真度、速度、广度、可靠性等。

一般来说，弱电主要包括电话线、网线、有线电视线、音频线、视频线、音响线等。

3）暗线

埋设在线槽里的强、弱电线，一般要包在电线管里，被称为暗线，电线管一般用"4分"的 PVC 管，如图 1-29 所示。"4分"约为 12.7mm。

4）空气开关

空气开关是一种只要有短路现象，开关形成回路就会跳闸的开关，因为利用了空气来熄灭开关过程中产生的电弧，所以称为空气开关，简称"空开"，如图 1-30 所示。

图 1-29 暗线

图 1-30 空气开关

5）配电箱

空开外面套个箱子再镶在墙上就叫配电箱。配电箱可分为强电配电箱（图1-31）和弱电配电箱（图1-32）。

图1-31　强电配电箱

图1-32　弱电配电箱

配电箱里的总空开（就是可以同时将室内所有电路关闭的开关）最大电流量一般要高于或等于电表的断路器（过去是叫电阻丝，现在改成开关叫断路器）的最大电流量。

6）暗盒

暗盒（图1-33）是指位于开关、插座、面板下面的盒子，线就在这个盒子里跟面板连接在一起，方便更换和维修。注意有些名牌开关、插座厂商的面板必须配专用的暗盒。

7）平方（线截面面积）

平方是国家标准规定电线规格的标称值，电线的平方实际上标的是电线的横截面面积，即电线圆形横截面的面积，单位为 mm^2，如图1-34所示。

电线平方数是装修水电施工中的一个口头用语，常说的"几平方电线"即横截面面积为几平方毫米的电线。

图1-33　暗盒

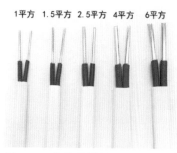

图1-34　电线的横截面面积（mm^2）

2

家装水电工现场
施工常用工具

2.1 家装电工常用工具

2.1.1 剥线钳

剥线钳是内线电工、电动机修理、仪器仪表电工常用的工具之一，用来供电工剥除电线头部的表面绝缘层，其外形如图2-1所示。剥线钳可以使得电线被切断的绝缘皮与电线分开，还可以防止人触电。一般根据导线直径，选用剥线钳刀片的孔径。

图 2-1　剥线钳

（1）根据缆线的粗细型号，选择相应的剥线刀口。将准备好的电缆放在剥线工具的刀刃中间，选择好要剥线的长度。握住剥线工具手柄，将电缆夹住，缓缓用力使电缆外表皮慢慢剥落。松开工具手柄，取出电缆线，这时电缆金属整齐露出外面，其余绝缘塑料完好无损。

（2）剥线钳是用来剥离 6mm^2 以下的塑料或橡皮电线绝缘层的。使用时，导线必须放在稍大于线芯直径的切口上切剥，以免损伤线芯。

2.1.2　试电笔

试电笔也叫测电笔，简称"电笔"（图 2-2）。是一种电工工具，用来测试导体表面是否带电。笔体中有一氖泡，测试时如果氖泡发光，说明导线有电或为通路的火线。

试电笔中笔尖、笔尾为金属材料制成，笔杆为绝缘材料制成。使用试电笔时，一定要用手触及试电笔尾端的金属部分，否则会造成因带电体、试电笔、人体与大地没有形成回路，试电笔中的氖泡不会发光，从而误判，认为带电体不带电。

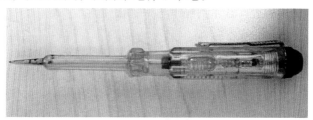

图 2-2　试电笔

（1）使用试电笔之前，首先要检查试电笔里有无安全电阻，再直观检查试电笔是否有损坏，有无受潮或进水，检查合格后才能使用。

（2）使用时，必须手指触及笔尾的金属部分，并使氖管小窗背光且朝自己。不能用手触及试电笔前端的金属探头，这样做会造成人身触电事故。试电笔握法如图 2-3 所示。

正确握法　　　错误握法　　　正确握法　　　错误握法

图 2-3　试电笔握法

（3）当用电笔测试带电体时，电流经带电体、电笔、人体及大地形成通电回路，只要带电体与大地之间的电位差超过 60V，电笔中的氖管就会发光。低压验电器检测的电压范围为 60~500V。

（4）在测量电气设备是否带电之前，先要找一个已知电源测一测试电笔的氖泡能否正常发光，能正常发光，才能使用。

试电笔判断故障口诀

扫码观看本文件

（5）在明亮的光线下测试带电体时，应特别注意氖泡是否真的发光(或不发光)，必要时可用另一只手遮挡光线仔细判别。千万不要造成误判，将氖泡发光判断为不发光，而将有电判断为无电。

2.1.3　电烙铁

电烙铁（图 2-4）用于焊接元件或导线。在水电施工过程中，电烙铁用于焊接两根导线的连线端，通过焊锡之后使导线接头更紧密，避免导线电流过大而发热，发生烧毁等情况，延长导线的使用寿命。

图 2-4　电烙铁

技巧与要点

（1）新烙铁使用前，应用细砂纸将烙铁头打光亮，通电烧热，蘸上松香后用烙铁头刃面接触焊锡丝，使烙铁头上均匀地镀上一层锡。这样做，便于焊接并可防止烙铁头表面氧化。

（2）清除焊接部位的氧化层可以用断锯条制成小刀。刮去金属引线表面的氧化层，使引脚露出金属光泽。印刷电路板可用细砂纸将铜箔打光后，涂上一层松香酒精溶液。

（3）右手持电烙铁，左手用尖嘴钳或镊子夹持元件或导线。焊接前，电烙铁要充分预热。当电烙铁达到设定温度后，指示灯闪烁，此时要在烙铁头刃面上吃锡，即带上一定量焊锡。将烙铁头刃面紧贴在焊点处。电烙铁与水平面大约成60°角以便于熔化的锡从烙铁头上流到焊点上。烙铁头在焊点处停留的时间控制在2~3s。

（4）每次使用后，要将烙铁头上加锡，然后放在烙铁架上。这样做可以防止烙铁头表面氧化。

2.1.4　电工刀

电工刀是电工常用的一种切削工具（图2-5）。普通的电工刀由刀片、刀刃、刀把、刀挂等构成，不用时，把刀片收缩到刀把内。刀片根部与刀柄相铰接，其上带有刻度线及刻度标识，前端有螺丝刀刀头，两面加工有锉刀面区域，刀刃上具有一段内凹形弯刀口，弯刀口末端形成刀口尖，刀柄上设有防止刀片退弹的保护钮。

图2-5　电工刀

技巧与要点

（1）切忌把刀刃垂直对着导线切割绝缘层，因为这样容易割伤电线线芯。

（2）电工刀的刀刃部分要磨得锋利才好剥削电线，但不可太锋利，太锋利容易削伤线芯，磨得太钝，则无法剥削绝缘层。

（3）对双芯护套线的外层绝缘的剥削，可以用刀刃对准两芯线的中间部位，把导线一剖为二。

（4）圆木与木槽板或塑料槽板的吻接凹槽，就可以采用电工刀在施工现场切削。

（5）用左手托住圆木，右手持多功能电工刀的锯片，可用来锯割木条、竹条、塑料槽板。

（6）在硬杂木上拧螺钉很费劲时，可先用多功能电工刀上的锥子锥个洞，这时拧螺钉便省力多了。圆木上需要钻穿线孔，可先用锥子钻出小孔，然后用扩孔锥将小孔扩大，以利于较粗的电线穿过。使用完毕，随即将刀身折进刀柄。

（7）应将刀口朝外剖削，并注意避免伤及手指。

（8）电工刀刀柄是无绝缘保护的，不能在带电导线或器材上剖削，以免造成人触电。

2.1.5 万用表

1）数字万用表

数字万用表是一种多用途电子测量仪器（图2-6），一般包含安培计、电压表、欧姆计等功能，有时也称为万用计、多用计、多用电表，或三用电表。其数值读取较为简单，选择相应的量程后，显示屏上的数字即为测量的结果。

2）指针万用表

指针万用表是一种多功能、多量程的测量仪表（图2-7）。其刻度盘上共有七条刻度线，从上向下分别为：电阻刻度线、电压电流刻度线、10V电压刻度线、晶体管β值刻度值、电容刻度值、电感刻度值及电平刻度值。

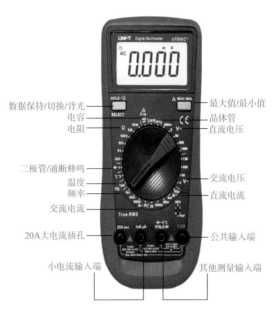

数据保持/切换/背光 ——————— 最大值/最小值
电容 ——————— 晶体管
电阻 ——————— 直流电压

二极管/通断蜂鸣 ——————— 交流电压
温度
频率 ——————— 直流电流
交流电流

20A大电流插孔 ——————— 公共输入端

小电流输入端 ——————— 其他测量输入端

图 2-6　数字万用表

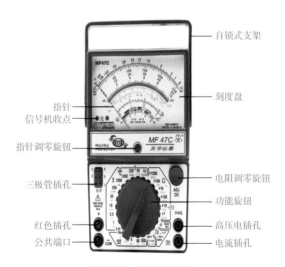

自锁式支架

刻度盘

指针
信号机收点

指针调零旋钮 ——————— 电阻调零旋钮

三极管插孔 ——————— 功能旋钮

红色插孔 ——————— 高压电插孔
公共端口 ——————— 电流插孔

图 2-7　指针万用表

技巧与要点

（1）在使用万用表之前，应先进行"机械调零"，即在没有被测电量时，使万用表指针指处在零电压或零电流的位置上。

（2）在使用万用表过程中，不能用手去接触表笔的金属部分，这样既可以保证测量的准确，又可以保证人身安全。

（3）在测量某一电量时，不能在测量的同时换档，尤其是在测量高电压或大电流时更应该注意。否则，会毁坏万用表。如果需要换挡，应先断开表笔，换挡后再去测量。

（4）万用表在使用时，必须水平放置，以免造成误差。同时，还要注意到避免外界磁场对万用表的影响。

（5）万用表使用完毕，应将转换开关置于交流电压的最大挡。如果长期不使用，还应将万用表内部的电池取出来，以免电池腐蚀表内其他器件。

2.1.6 绝缘电阻表

绝缘电阻表是电工常用的一种测量仪表（图 2-8），主要用来检查电气设备、家用电器或电气线路对地及相间的绝缘电阻，以保证这些设备、电器和线路工作在正常状态，避免发生触电伤亡及设备损坏等事故。

图 2-8　绝缘电阻表

技巧与要点

（1）测量前必须将被测设备电源切断，并对地短路放电。将绝缘电阻表进行一次开路和短路试验，检查绝缘电阻表是否良好。即在绝缘电阻表未接上被测物之前，摇动手柄使发电机达到额定转速，观察指针是否指在标尺的"∞"位置。

（2）绝缘电阻表使用时应放在平稳、牢固的地方，且远离大的外电流导体和外磁场。

（3）将接线柱"线（L）和地（E）"短接，缓慢摇动手柄，观察指针是否指在标尺的"0"位（如果指针不能指到该指的位置，表明绝缘电阻表有故障，应检修后再用）。

（4）摇测时将绝缘电阻表置于水平位置，摇把转动时其端钮间不许短路。摇动手柄应由慢渐快，若发现指针指零说明被测绝缘物可能发生了短路，这时就不能继续摇动手柄，以防表内线圈发热损坏。

（5）读数完毕，将被测设备放电。放电方法是将测量时使用的地线从绝缘电阻表上取下来与被测设备短接一下即可（不是绝缘电阻表放电）。

（6）绝缘电阻表接线柱引出的测量软线绝缘应良好，两根导线之间和导线与地之间应保持适当距离，以免影响测量精度。

（7）绝缘电阻表的开路试验与短路试验如图2-9所示。

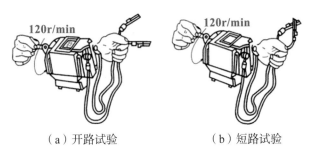

（a）开路试验　　　　　　（b）短路试验

图2-9　绝缘电阻表的开路试验与短路试验

2.1.7　弯管器

弯管器又叫弯管弹簧，如图2-10所示，其有多种规格，需要根据电线管规格来选择。弯管器的特点与有关要求如下：

图 2-10　弯管器

（1）弯管器分为 205 号弯管器、305 号弯管器。其中，205 号弯管器适合轻型线管。305 号弯管器适合中型线管。

（2）4 分电线管外径为 16mm，壁厚 1mm 的，需要选用 205 号弯管器，弹簧外径 13mm。

（3）4 分电线管外径为 16mm，壁厚 1.5mm 的，需要选用 305 号弯管器，弹簧外径 12mm。

（4）4 分 PVC 电线管弯管器可以选择直径为 13.5mm、长度为 38cm。

（5）6 分电线管外径为 20mm，壁厚 1mm 的，需要选用 205 号弯管器，弹簧外径 17mm。

（6）6 分电线管外径为 20mm，壁厚 1.5mm 的，需要选用 305 号弯管器，弹簧外径 16mm。

（7）6 分管 PVC 电线弯管器可以选择直径为 16.5mm、长度为 41cm。

（8）电线管外径为 25mm，壁厚 1mm 的，需要选用 205 号弯管器，弹簧外径 22mm。

（9）弯管器可以选择直径为 21.5mm、长度为 43cm。

（10）32mm 的 PVC 电线管弯管器可以选择直径为 28mm、长度为 43mm。

（11）另外，还有加长型的弯管器。

（12）PVC 电线管有厚有薄，厚的电线管也叫中型线管，需要选择直径比较小的弯管器。薄的电线管也叫轻型线管，需要选择直径比较粗的弯管器。

技巧与要点

（1）PVC 线管弯度幅度不能太大，否则会直接弯折线管。

（2）先插入弯管器到 PVC 线管内部相应的扳弯的位置，再慢慢扳弯到想要的角度，然后取出弯管器。这样既可以避免弯折损坏线管，又能够达到弯折线管的目的。

（3）在使用弯管器时，不要一下子弯到底，要稍微弯一下，再放开，之后再继续弯，要给管子一个缓冲。

（4）弯管时能够保证一定的角度，弯折处平滑，转角处没有明显折痕，抽线应自然顺畅。

（5）弯管器的操作步骤如图 2-11 所示。

弯管器操作

扫码观看本视频

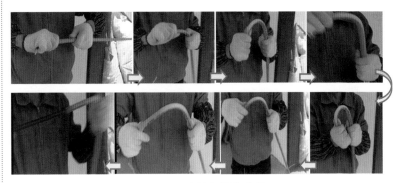

图 2-11　弯管器操作步骤

2.2　家装水工常用工具

2.2.1　管子扳手

管子扳手又叫手动扳手（图 2-12），用来扳动金属、管子附件或其他圆柱形工件，由钳柄、夹套、活动钳口组成，其开口的尺寸可以调节。

图 2-12　管子扳手

技巧与要点

（1）操作管子扳手时，用钳口卡住管子，通过向钳把施加压力，迫使钳子转动。为了防止钳口脱落而伤到手指，一般用左手轻压钳口上部，右手握钳，两手动作要协调。

（2）扳动管钳手柄不可以用力过猛或者在手柄上加管套。

（3）管钳管口不得沾油，以防打滑。

2.2.2　PVC 断管钳

PVC 断管钳（图 2-13）由钳身、钳牙、中轴、销轴、手柄组成。其特征是：钳牙呈鸭嘴形切断刀，在钳牙下端中间有个轴，在中轴上有一弹簧。手柄与钳身通过销轴固定连接在一起，中轴通过销轴固定连接在钳身及手柄上。

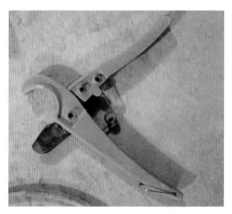

图 2-13　PVC 断管钳

技巧与要点

打开固定锁，沿着箭头方向用力按下刀头锁扣，打开刀头，之后再放入管子，沿着箭头方向逐渐用力握紧手柄，直至切断管子。PVC断管钳操作步骤如图2-14所示。

图2-14　PVC断管钳操作步骤

2.2.3　热熔器

热熔器（图2-15）加热温度一般是260 ℃，功率常见的有700W、800W等。

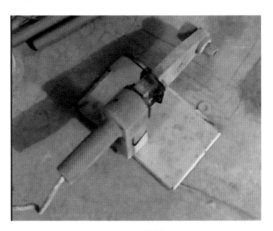

图2-15　热熔器

选择PP-R热熔工具模头时，应选择中心眼处理不粗糙，进口漆在模头上覆盖完全，固定模头螺钉不容易脱落的模头。

热熔器的特点：温度控制精确，可靠性高，安全指数高，环境适应性强，结构坚固，方便快捷，所焊管材管件接口更强于管材本身，永不渗漏且无毒。

技巧与要点

通电开机接通电源（注意电源必须带有接地保护线），绿色指示灯亮，红色指示灯熄灭，表示热熔器进入自动控制状态，可以开始操作。固定熔接器安装加热端头，把熔接器放置于架上、根据所需要的管材规格安装相对应的加热模头，并用内六角扳手扳紧，一般小的在前端。

加热时，无旋转地把管端导入加热模头套内，插入到所标识的深度，同时，无旋转地把管件推到加热模头上，达到规定标志处。

热熔器操作

扫码观看本视频

达到加热时间后，立即把管端、管件从加热模具上同时取下，迅速无旋转地直线均匀插入到已热熔的深度，使接头处形成均匀凸缘，并控制插进去后的反弹。其操作步骤如图 2-16 所示。

图 2-16 热熔器操作步骤

2.2.4 打压泵

打压泵（图 2-17）是测试水压、水管密封效果的仪器，通常是一端连接水管，另一端不断向水管内部增加压力。通过压力的增加，测试水管是否有泄漏等问题。

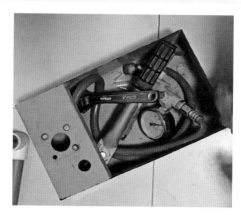

图2-17 打压泵

技巧与要点

（1）将高压软管的一端安装在泵体上，另一端安装在被测管道上，并用生料带缠紧接口。然后把被测管道注满水，打开泄压阀将管道中的空气排出，再关闭泄压阀。将水箱注满水，上下掀动手柄，开始试压打压。当压力表上的数值上升到需要的压力时，停止加压（水压试压一般增加到0.8~1.0MPa）。

（2）加压试验不宜在有酸碱、腐蚀性物质的场所进行。

（3）测试压力时，应使用清水，避免使用含有杂质的水进行试验。

（4）在加压试验进行中发现有任何细微的渗水现象时，要立即停止试验并进行检查及修理，严禁在渗水情况下继续进行加压试验。

（5）试压结束后，先松开放水阀，使压力下降，以免压力表损坏。

（6）打压泵不用时，要放掉泵内的水，再倒入少许机油，防止其生锈。

（7）打压泵安装步骤如图2-18所示。

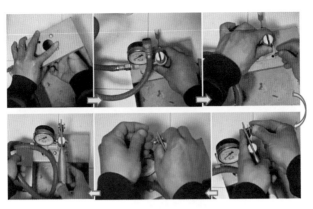

图 2-18　打压泵安装步骤

2.3　其他常用工具

2.3.1　开槽机

传统的墙面切槽要先割出线缝后再用电锤凿出线槽，这种方法操作复杂，效率低下，对墙体损坏较大。墙壁开槽机（图 2-19）一次操作就能开出施工需要的线槽，不用再用其他工具操作，是我国最早的一次成型墙壁开槽的电动工具之一。

图 2-19　开槽机

技巧与要点

（1）不要将手指或者其他物品插入开槽机的任何开口地方，以免造成人身伤害。

（2）使用时，需要戴上安全护目镜，要将吸尘器连接好。将前滚轮上的视向线对准开槽线。开槽中尽量以平稳的速度将水电开槽机向前移动。如果电机开始发热，则需要停止切割，让开槽机冷却后，再重新开始工作。

（3）当水电开槽机刀具不锋利时，可以拆下来，因为有的刀具可以用砂轮机将其磨锋利。

（4）在墙体上作业时，需要注意避开有电的电缆线、煤气、天然气、自来水管道。

（5）开槽完毕后，刀具变得很热，因此，取下刀具前需要让刀具冷却。

（6）维护开槽机前，需要将其电源切断，插头拔掉。

（7）不要将开槽机的任何部位浸入液体中。

2.3.2　石材切割机

石材切割机（图 2-20）主要用于天然或人造的花岗岩、大理石及类似材料的板材、瓷砖、混凝土、石膏等材料的切割，其广泛应用于地面、墙面石材装修工程施工中。

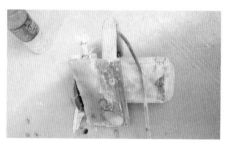

图 2-20　石材切割机

> **技巧与要点**
>
> （1）工作前，穿好工作服，带好护目镜，女工长发者，应将头发盘起，戴上工作帽。对电源闸刀开关、锯片的松紧度、锯片护罩或安全挡板进行详细检查，操作台必须稳固，夜间作业应有足够的照明。打开总开关，空载试转几圈，待确认安全后才允许启动。
>
> （2）工作时，严禁戴手套操作。若在操作过程中会引起灰尘，

要戴上口罩或面罩。不得试图切锯未夹紧的小工件。本台切割机只允许切割型材。不得进行强力切割操作，在切割前要使电机达到全速。不允许任何人站在锯后面。不得探身越过或绕过锯机，锯片未停止时不得从锯或工件上松开任何一只手或抬起手臂。护罩未到位时不得操作，不得将手放在距锯片15cm以内。维修或更换配件前必须先切断电源，并且需要等锯片完全停止。发现有不正常声音时，应立刻停止检查。

（3）工作后，关闭总电源。清洁、整理工作台和场地。如果发生人身、设备事故，应保持现场，报告有关部门。

2.3.3　电锤

电锤（图2-21）是一种应用广泛的电动工具。是附有气动锤击机构的一种带安全离合器的电动式旋转锤钻。它用来在混凝土、楼板、砖墙和石材上钻孔。若选用多功能电锤，调节到适当位置配上适当钻头可以代替普通电钻、电镐使用。

图2-21　电锤

在每个电锤上都有标识铭牌，上面标记了电锤的功率及可以使用多大的电压等，工人可以根据这些信息选择适合自己的电锤。

技巧与要点

（1）在瓷砖上打孔，首先要把电锤调整到冲击挡，并且装好适合的钻头。接通电源后，先按下电锤开关试一下，看是否在冲击挡。正确无误后，确定打孔部位，做好标记，并且把钻头对准打孔标记，然后轻按开关让电锤低速

电锤施工视频

扫码观看本视频

旋转（此时绝对不要用力按开关）。等瓷砖墙面有凹洞时，再稍用力按下开关让转速稍微快一点。并且要用力往前推，把力量集中在钻头上，当瓷砖被打穿，才可以把开关用力按到底，让电锤高速旋转起来直到打至所需要的深度。

（2）新手用电锤在瓷砖上打孔时，速度控制不好，会出现打裂瓷砖的现象，因此，可先用陶瓷钻头，调到电钻挡打穿瓷砖表面，再换用冲击钻头，调到冲击挡钻进混凝土，瓷砖的边角部位比较脆，电锤打孔时更容易裂，因此，尽量不要靠近瓷砖的边角打孔，如果必须要在瓷砖的边角打孔，则可以首先选用玻璃钻头对瓷砖边角进行钻孔。

（3）钻孔完成时，不应立刻放开电源开关，而应在钻头保持旋转的情况下将其由孔中拉出后再放开电源开关，否则钻头可能卡在孔中无法拔出。万一钻头被卡在孔中，严禁重新按下电源开关使电锤起动，这样可能造成严重的伤害。此时必须先使钻头与电锤脱开，然后再用其他方法取出钻头。

（4）电锤在钻有钢筋的混凝土墙时，需要选择带安全离合器的电锤产品，否则容易卡钻，使工作人员无法控制电锤，从而造成人身伤害。

2.3.4 电镐

电镐（图 2-22）是以单相串励电动机的双重绝缘手持式电动工具，用电机带动内部的甩砣做弹跳形式运行，使镐头产生凿击的效果，并不带有转动的功能。广泛应用于管道敷设、机械安装、给排水设施建设、室内装修、港口设施建设和其他建设工程施工，可安装镐钎或其他适当的附件，如凿子、铲等，对混凝土、砖石结构、沥青路面进行破碎、凿平、挖掘、开槽、切削等作业。

图 2-22　电镐

技巧与要点

（1）操作前，需要仔细检查螺钉是否紧固，确认凿头是否被紧固在规定的相应位置上。此外，还需要注意观察电动机进风口、出风口是否通畅，以免造成散热不良损伤电动机定子、转子的现象。

（2）操作者操作时需要戴上安全帽、安全眼镜、防护面具、防尘口罩、耳朵保护具与厚垫的手套。

（3）凿削过程中不要将尖扁凿当作撬杠来使用，尤其不要强行用电镐撬开破碎物体，以免损坏电镐。电镐旋转时不可脱手。只有当手拿稳电镐后，才能够启动工具。

（4）操作时，不可将凿头指向在场的任何人，以免冲头飞出去从而导致人身伤害。当凿头凿进墙壁、地板或任何可能会埋藏电线的地方时，决不可触摸工具的任何金属部位，握住工具的塑料把手或侧面抓手以防凿到埋藏电线而引发触电。

（5）电镐长期使用时，如果出现冲击力明显减弱的现象，一般需要及时更换活塞与撞锤上的 O 形圈。

（6）寒冷季节或当工具很长时间没有用时，需要让电镐在无负荷的情况下运转几分钟以加热工具。

（7）电镐为断续工作制工具，使用时一定要注意电动机的温度，工程量较大时要用两台以上电镐轮流使用。

（8）电镐使用过程如图 2-23 所示。

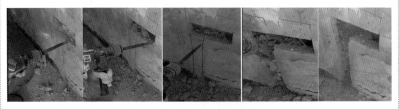

图 2-23　电镐使用过程

2.3.5　手电钻

手电钻（图 2-24）是利用电作为动力的钻孔工具，具有能转不能冲的特点。手电钻只具备旋转方式，适合用在需要很小力的材料上钻孔，如砖、瓷砖、软木等。

图 2-24　手电钻

技巧与要点

（1）手电钻在钻较大孔眼时，预先用小钻头钻穿，然后再使用大钻头钻孔。

（2）如果需要长时间在金属上钻孔时，可采取一定的冷却措施，以保持钻头的锋利。

（3）在金属材料上钻孔时，首先应该在钻孔位置冲眼打样，然后匀速慢钻，如果转速过快，容易烧坏钻头。

3

家装水电工现场
施工常用材料

3.1　电路常用材料

3.1.1　暗盒

暗装底盒简称暗盒（图3-1），安装时需要埋设在墙中，安装电气的部位与线路分支或导线规格改变时就需要安装暗盒。导线在盒中完成穿线后，上面可以安装开关和插座的面板。安装暗盒通常分为3种规格，具体内容如图3-2所示。

图3-1　暗盒

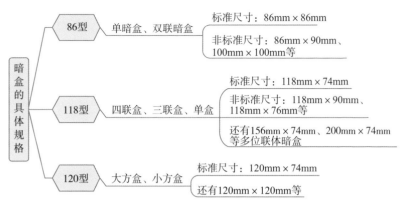

图 3-2　暗盒的具体规格

3.1.2　穿线管

穿线管（图 3-3）全称为"建筑用绝缘电工套管"，是一种白色的硬质 PVC 胶管，是可防腐蚀、防漏电，穿导线用的管子。其常用规格如图 3-4 所示。

图 3-3　穿线管

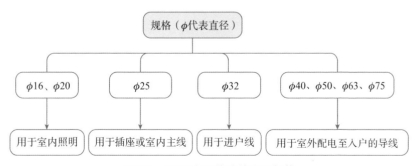

图 3-4　PVC 电工线管的常用规格

3.1.3 塑铜线

铜塑线就是塑料铜芯导线，全称为铜芯聚氯乙烯绝缘导线。一般包括 BV 导线、BVR 软导线、RV 导线、RVS 双绞线、RVB 平行线。

其中：B——代表类别，属于布导线；

V——代表绝缘，PVC 聚氯乙烯，指外面的绝缘层；

R——代表线的软硬程度，导线的根数越多，导线越软，所以 R 开头的型号大多是多股线；

S——代表对绞。

家用塑铜线的型号主要有 2 种，一种是单股铜芯线（BV），另一种是多股铜芯软线（BVR）。其中 4mm^2 以及 4mm^2 以下的塑铜线多为单股铜芯线（BV），而 6mm^2 以及 10mm^2 的塑铜线多为多股铜芯软线（BVR）。其具体规格与用途如图 3-5 所示。其家用塑铜线（BV、BVR）功率见表 3-1。

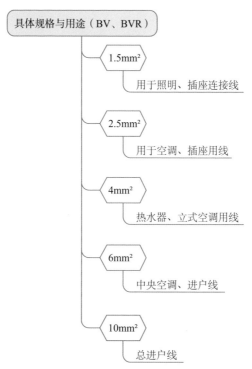

图 3-5 家用塑铜线（BV、BVR）规格与用途

表 3-1 家用塑铜线（BV、BVR）功率

横截面 /mm²	电压 /220V	电压 /380V
1.5（19A）	4200W	9500W
2.5（26A）	5800W	13000W
4（34A）	7600W	17000W
6（48A）	10000W	22000W
10（65A）	13800W	31000W

3.1.4 光纤

光纤（图3-6）是光导纤维的简称，是一种由玻璃或塑料制成的纤维，可作为光传导工具。因其传导效率高，在家庭使用中，常作为网络线使用。

图 3-6 光纤

光纤的分类如图3-7所示。

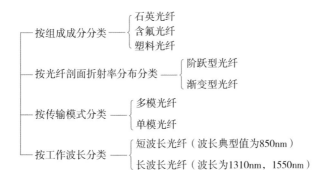

图 3-7 光纤的分类

光纤的优点如图 3-8 所示。

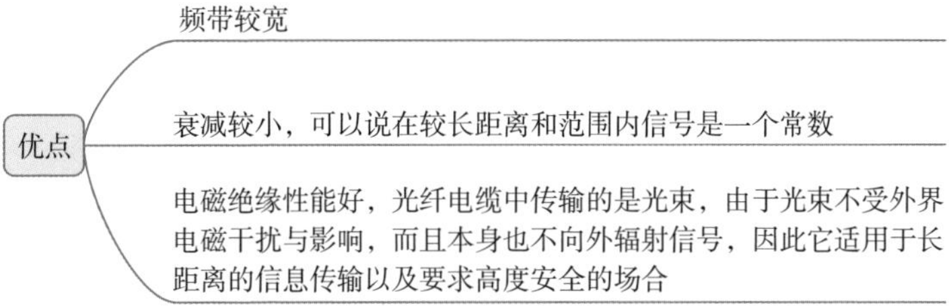

频带较宽

优点 —— 衰减较小，可以说在较长距离和范围内信号是一个常数

电磁绝缘性能好，光纤电缆中传输的是光束，由于光束不受外界电磁干扰与影响，而且本身也不向外辐射信号，因此它适用于长距离的信息传输以及要求高度安全的场合

图 3-8　光纤的优点

3.1.5　开关

开关的词语解释为开启和关闭。它还是指一个可以使电路开路、使电流中断或使其流到其他电路的电气元件。最常见的开关是让人操作的机电设备，其中有一个或数个电子接点。接点的"闭合"表示电子接点导通，允许电流流过；开关的"开路"表示电子接点不导通形成开路，不允许电流流过。开关一般可分为以下几种。

1）86 型开关

86 型开关是装饰工程中最常见的一种开关，其外形尺寸为 86mm×86mm，也因此而得名。86 型开关是国际标准，许多国家都是采用该类型的开关。86 型的开关最多有 4 开（图 3-9）。

2）118 型开关

118 型开关（图 3-10）一般指的是横装的长条开关。一般为自由组合式样：在边框里面卡入不同的功能模块组合而成。

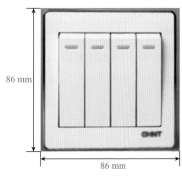

图 3-9　86 型开关

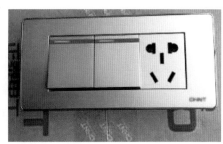

图 3-10　118 型开关

118 型开关一般用小盒、中盒、大盒来表示，其长度分别为 118mm、154mm、195mm，宽度一般都是 74mm。118 型开关的优势就在于，它能够根据实际需要与用户喜好调换颜色，拆装也方便。118 型开关可以配到 8 联开关。

3）120 型开关

120 型开关（图 3-11）常见的模块是以 1/3 为基础标准的，即在一个竖装的标准 120mm×74mm 面板上，能安装下三个 1/3 标准模块。模块根据大小可以分为 1/3、2/3、1 位。

120 型开关的外形尺寸有两种，一种是单连 120 型开关，尺寸为 74mm×120mm，可配置一个单元、两个单元或三个单元的功能件。另外一种是双连 120 型开关，尺寸为 120mm×120mm，可配置四个单元、五个单元或六个单元的功能件。

4）146 型开关

146 型开关（图 3-12）的宽是普通开关的 2 倍，有些四位开关、十孔插座等应用，其面板尺寸一般为 86mm×146mm 或类似尺寸，安装孔中心距为 120.6mm。

注意：146 型开关需要长型暗盒才能安装。

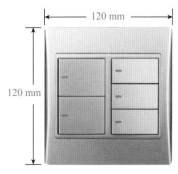
图 3-11　120 型开关

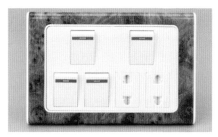
图 3-12　146 型开关

5）双控开关

双控开关能够实现两个地方控制一盏灯的作用。例如卧室进门处一个双控开关，床头一个双控开关，两个开关通过电线连接后可实现两地控制卧室灯。而单控开关只有一个地方控制一盏灯。

6）单极开关

单极开关就是只分合一根导线的开关。单极开关完整的名称为单极单联开关。单级开关的级数是指开关开断（闭合）电源的线数。家庭所用的照明控制开关一般都为单极开关。

7）双极开关

双极开关完整的名称为双极单联开关，就是两个翘板的开关，也叫双刀开关。双极开关控制两支路。对于照明电路来说，双极开关可以同时切断相线与中性线。

8）调光开关

调光开关（图3-13）是指让灯具渐渐变亮与渐渐变暗，可以让灯具调节到相应的亮度的一种开关。

9）调光遥控开关

调光遥控开关（图3-14）是指在调节光功能的基础上，可以配合遥控功能，实现一起操作遥控器与开关的特点。

图3-13　调光开关　　　　图3-14　调光遥控开关

10）触摸开关

触摸开关（图3-15）是一种只需要点触开关上的感应区即可实现所控制电路的接通与断开的开关。触摸开关的安装、接线与普通机械开关基本相同。

除了上述的开关外，还有自由组合开关和多位开关。自由组合开关需要与相应配件配合使用，才能够实现自由组合。这种开关可以为以后扩充提供方便，但是布管、布线需要预留空间。多位开关是几个开关并列，各自控制各自的灯。

图 3-15　触摸开关

3.1.6　插座

插座，又称电源插座、开关插座。插座是指有一个或一个以上电路接线可插入的座，通过它可插入各种接线，这样便于与其他电路接通。通过线路与铜件之间的连接与断开，达到最终达到该部分电路的接通与断开。

家用电源插座上最为常见的接线方法是"左零右火中地"。标有 L 标记的点是接火线的，N 标记的是接零线的，地线有个专门的接地符号"⏚"。

1）分类

（1）根据插孔形状与要求，插座可以分为二极扁圆插、三极扁插、三极方插、五孔等。插座与插头适应对照如图 3-16 所示。

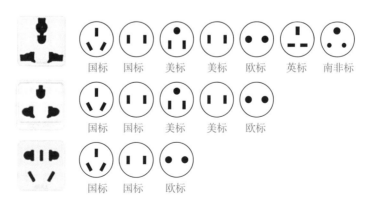

> 国标：中国、澳大利亚、新西兰等。
> 美标：美国、加拿大、日本。
> 欧标：德国、丹麦、芬兰、法国、韩国等。
> 英标：英国、新加坡。
> 南非标：南非、印度等。

图 3-16　插座与插头适应对照

（2）根据负载大小，插座可以分为 10A 二极圆扁插座、16A 三极插座、13A 带开关方脚插座、16A 带开关三极插座等。

（3）根据强电、弱电的概念(强弱电是以人体的安全电压来区分的，36V 以上的电压称为强电，弱电是指 36V 以下的电压)分为弱电插座、强电插座。电话插座、USB 插座、网络数据插座属于弱电插座。

2）插座符号

插座符号见表 3-2。

表 3-2　插座符号

图形符号	说明	图形符号	说明
	单相插座		密闭（防水）带接地插孔的单相插座
	密闭（防水）单相插座	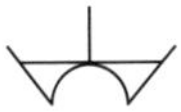	带接地插孔的三相插座
	带接地插孔的单相插座	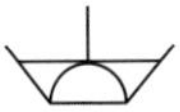	密闭（防水）带接地插孔的三相插座
	暗装单相插座		带接地插孔的防爆单相插座
	防爆单相插座		带接地插孔的暗装三相插座
	带接地插孔的暗装单相插座		带接地插孔的防爆三相插座

3.1.7　同轴电缆

同轴电缆（图 3-17）是传输视频信号的电缆，同时也可以作为监控视频系统的信号传输线。同轴电缆所用的线芯为纯铜或铜包铝，外屏蔽层为铝镁丝编织，这些都会对电视信号产生直接的影响。

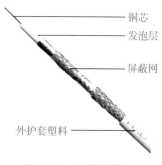

铜芯
发泡层
屏蔽网
外护套塑料

图 3-17　同轴电缆

3.1.8　有线电视分配器

有线电视分配器（图 3-18）是有线电视传输系统中常用的器件，主要功能是将一路输入有线电视信号均等分成几路输出。有线电视分配器的工作频率范围是 5~1000MHz。

有线电视分配器不能充当卫星功能器，但卫星功能器可以充当有线电视分配器使用，只是这样使用时，需要选择工作频率在 5~2500MHz 的功分器。

图 3-18　有线电视分配器

3.1.9 电话线

电话线是电话的进户线，连接到电话机上才能打电话，分为 2 芯和 4 芯。导体材料分为铜包钢线芯（图 3-19）、铜包铝线芯（图 3-20）及全铜芯（图 3-21）3 种，其中全铜的导体效果最好，具体内容如图 3-22 所示。

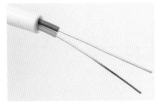 

图 3-19　铜包钢线芯　　图 3-20　铜包铝线芯　　图 3-21　全铜芯线芯

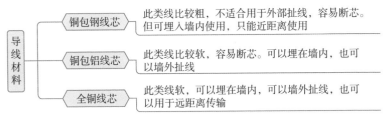

图 3-22　导线材料

3.1.10 网络线

网络线是连接电脑网卡和 ADSL Modem 或者路由器、交换机的通信缆线。通常可分为 5 类双绞线（图 3-23）、超 5 类双绞线（图 3-24）和 6 类双绞线（图 3-25），具体内容如图 3-26 所示。

图 3-23　5 类双绞线　　图 3-24　超 5 类双绞线　　图 3-25　6 类双绞线

网络线
- 5类双绞线 → 表示为CAT5，带宽100Mb/s，适用于百兆以下的网络
- 超5类双绞线 → 表示为CAT5e，带宽155Mb/s，为目前的主流产品
- 6类双绞线 → 表示为CAT6，带宽250Mb/s，适用于架设千兆网

图 3-26　网络线分类

3.2　水路常用材料

3.2.1　PP-R 给水管

PP-R 给水管，又称三型聚丙烯管，可以作为冷水管（图 3-27），也可以作为热水管（图 3-28），具有节能节材、环保、轻质高强、耐腐蚀、内壁光滑不结垢、施工和维修简便、使用寿命长等优点，广泛应用于建筑给排水、城乡给排水及电力和光缆护套、工业流体输送、农业灌溉等建筑业、市政、工业和农业领域。它是目前家装市场中使用最多的管材。

图 3-27　PP-R 管冷水管

图 3-28　PP-R 管热水管

3.2.2　PP-R 直通

PP-R 直通是指可将两根 PP-R 给水管直线连接起来的配件，种类包括直接接头（图 3-29）、异径直接（图 3-30）和过桥弯头（图 3-31）等配件。其连接的功能如图 3-32 所示。

图 3-29　直接接头

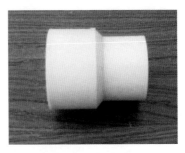

图 3-30　异径直接

图 3-31　过桥弯头

图 3-32　接头用途

3.2.3　PP–R 弯头

PP-R 弯头是指将两根 PP-R 给水管呈 90° 或 45° 的角度连接的配件，包括 90° 弯头（图 3-33）、45° 弯头（图 3-34）、活接内牙弯头（图 3-35）、承口外螺纹弯头（图 3-36）、承口内螺纹弯头（图 3-37）和双联内螺纹弯头（图 3-38）6 种配件。其连接的功能如图 3-39 所示。

图 3-33　90°弯头

图 3-34　45°弯头

图 3-35　活接内牙弯头

图 3-36　承口外螺纹弯头

图 3-37　承口内螺纹弯头

图 3-38　双联内螺纹弯头

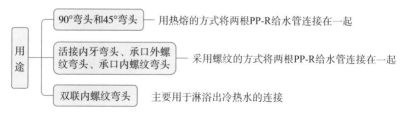

图 3-39　弯头用途

3.2.4 PP-R 三通

PP-R 三通是指将三根 PP-R 给水管呈直角连接在一起的配件，包括等径三通（图 3-40）、异径三通（图 3-41）、承口外螺纹三通（图 3-42）和承口内螺纹三通（图 3-43）4 种。其连接的功能如图 3-44 所示。

图 3-40 等径三通

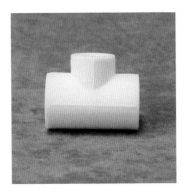

图 3-41 异径三通

图 3-42 承口外螺纹三通

图 3-43 承口内螺纹三通

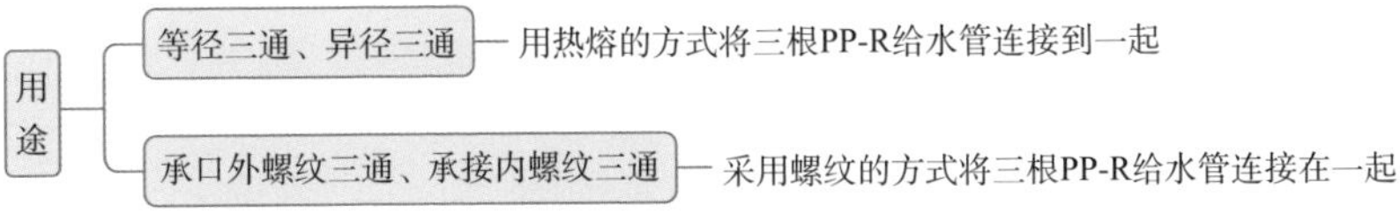

用途
- 等径三通、异径三通 —— 用热熔的方式将三根PP-R给水管连接到一起
- 承口外螺纹三通、承接内螺纹三通 —— 采用螺纹的方式将三根PP-R给水管连接在一起

图 3-44 三通用途

3.2.5 PVC 排水管

PVC 排水管（图 3-45）应用很广，称其为排水管之王也不为过。PVC 管壁面光滑，流体阻力小，比重仅是铁管的 1/5。具有阻燃、耐化学药品性高、机械强度高及电绝缘性良好，使用周期一般可以达到 50 年以上的优点。

图 3-45　PVC 排水管

PVC 排水管常见规格见表 3-3。

表 3-3　PVC 排水管常见规格

公称直径 /mm	公称外径 /mm	内径 /mm	壁厚 /mm	选用
50	50	46	2.0	面盆、水槽、浴缸等排水支管
80	75	71	2.0	面盆、水槽等排水横管
100	110	104	3.0	坐便器连接口、结局排水横管、立管
150	160	152	3.0	排水立管
200	200	190.2	4.9	排水立管

3.2.6 PVC 弯头

PVC 弯头指将两根 PVC 排水管呈 90° 或 45° 连接在一起的配件，包括 90° 弯头（图 3-46）、45° 弯头（图 3-47）、带检查口 90°

弯头（图 3-48）、带检查口 45°弯头（图 3-49）4 种配件。其连接的功能如图 4-50 所示。

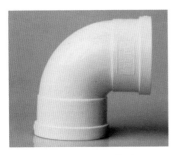

图 3-46　90°弯头

图 3-47　45°弯头

图 3-48　90°带检查口弯头

图 3-49　45°带检查口弯头

图 3-50　弯头用途

3.2.7　PVC 三通

PVC 三通是指将三根 PVC 排水管连接在一起的配件，常用包括 90°三通（图 3-51）、45°斜三通（图 3-52）、瓶型三通（图 3-53）3 种。其连接的功能如图 3-54 所示。

图 3-51　90°三通　　　图 3-52　45°斜三通　　　图 3-53　瓶型三通

图 3-54　PVC 三通用途

PVC 三通公称外径如下：

（1）90°三通公称外径（mm）有：50×50、75×75、90×90、110×50、110×75、110×110、125×125、160×160。

（2）45°斜三通公称外径（mm）有：50×50、75×50、75×75、90×50、90×90、110×50、110×75、110×110、125×50、125×75、125×110、125×125、160×75、160×90、160×110、160×125、160×160。

（3）瓶型三通公称外径（mm）有：110×50、110×75。

3.2.8　PVC 存水弯

PVC 存水弯是设置在卫生间排水管上或卫生器具外部一定高度的配件，其目的是防止排水管道系统中的气体窜入室内。且存水弯上带有一个检查口，方便施工人员检查维修。PVC 存水弯可以分为 P 形存水弯（图 3-55）、S 形存水弯（图 3-56）及 U 形存水弯（图 3-57）3 种。

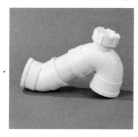

图 3-55　P 形存水弯　　　图 3-56　S 形存水弯　　　图 3-57　U 形存水弯

3.2.9 阀门

阀门是用来开闭管路、控制流向、调节和控制出水流量的管路附件,是水流输送系统中的控制部件。在家装中常见的阀门有冲洗阀、截止阀、三角阀及球阀4种。

1)便器冲洗阀

便器冲洗阀按操作方式可以分为脚踏式(图3-58)、扳把式(图3-59)、按键式(图3-60)、扭柄式(图3-61)及感应式(图3-62)。

图 3-58 脚踏式　　　图 3-59 扳把式　　　图 3-60 按键式

图 3-61 扭柄式　　　图 3-62 感应式

2)截止阀

截止阀是一种利用装在阀杆下的阀盘与阀体凸缘部分配合,达到关闭、开启目的的阀门。截止阀(图3-63)是强制密封式阀门,所以使用范围很广,截止阀的作用为切断、调节、节流。可以分为直流式、角式、标准式,还可以分为上螺纹阀杆截止阀和下螺纹阀杆截止阀。

3）三角阀

三角阀（图 3-64）又称角阀、角型阀和折角水阀等，其阀体有进水口、出水口和水量控制端，进水口和出水口之间呈 90°，三角阀是住宅给水管道安装中使用最多的一种水阀。起到转接内外出水口、调节水压的作用，还可以作为控水开关。

图 3-63　截止阀　　　　　　　　　图 3-64　三角阀

4）球阀

球阀（图 3-65）可以开、关水路和调节水的流量，球阀可以安装在给水管道的干路，也可以安装在给水管道的支路。住宅给水管道常用球阀主要有双通球阀和三通球阀。

图 3-65　球阀

4

家装常见电气
施工图识读

4.1 配电系统图识读

4.1.1 配电系统图中的电气符号含义

水电施工图

扫码观看本文件

想要看懂配电系统图，首先要掌握各种电气符号以及使用方法，能够充分解读其所提供的信息，才能保证正确的识图。

配电系统图主要使用文字符号、图形符号来表示，如图4-1所示。

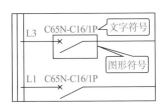

图4-1 配电系统图中的文字符号、图形符号

（1）线路标注的图形符号见表4-1。

表 4-1　线路标注的图形符号

常用图形符号	说明	应用类型
	中性线	电路图、平面图、系统图
	保护线	
	中性线与保护线共用	
	带中性线和保护线的三相线路	
	向上配线或布线	平面图
	向下配线或布线	
	垂直通过配线或布线	
	由下引来配线或布线	
	由上引来配线或布线	

（2）变压器的图形符号见表 4-2。

表 4-2　变压器的图形符号

常用图形符号		说明	应用类型
形式 1	形式 2		
		双绕组变压器(形式 2 可表示瞬时电压的极性)	电路图、接线图、平面图、总平面图、系统图
		绕组间有屏蔽的双绕组变压器	
		一个绕组上有中间抽头的变压器	形式 2 只适用电路图
		星形 - 三角连接的三相变压器	
		具有 4 个抽头的星形 - 星形连接的三相变压器	
		单项变压器组成的三相变压器，星形 - 三角形连接	

常用图形符号		说明	应用类型
形式 1	形式 2		
		具有分解开关的三相变压器，星形 - 三角形连接	电路图、接线图、平面图、系统图 形式 2 只适用电路图
		三相变压器，星形 - 三角形连接	电路图、接线图、系统图 形式 2 只适用电路图
		自耦变压器	电路图、接线图、平面图、总平面图、系统图 形式 2 只适用电路图
		单相耦变压器，星形连接	电路图、接线图、系统图 形式 2 只适用电路图
		三相自耦变压器，星形连接	
		可调节的单相自耦变压器	

（3）线路敷设方式的文字符号见表 4-3。

表 4-3 线路敷设方式的文字符号

序号	文字符号	名称	序号	文字符号	名称
1	SC	穿低压流体输送用焊接钢管敷设	8	M	钢索敷设
2	MT	穿电线管敷设	9	KPC	穿塑料波纹电线管敷设

序号	文字符号	名称	序号	文字符号	名称
3	PC	穿硬塑料导线管敷设	10	CP	穿可绕金属电线保护套管敷设
4	FPC	穿阻燃半硬塑料导管敷设	11	DB	直埋敷设
5	CT	电缆桥架敷设	12	TC	电缆沟敷设
6	MR	金属线槽敷设	13	CE	混凝土排管敷设
7	PR	塑料线槽敷设			

（4）导线敷设部位文字符号见表 4-4。

表 4-4　导线敷设部位文字符号

序号	文字符号	名称
1	AB	沿或跨梁（屋架）敷设
2	BC	暗敷在梁上
3	AC	沿或跨柱敷设
4	CLC	暗敷设在柱内
5	WS	沿墙面敷设
6	WC	暗敷设在墙内
7	CE	沿天棚或顶板面敷设
8	CC	暗敷设在屋面或顶面内
9	SCE	吊顶内敷设
10	FC	地板或地面下敷设

（5）建筑电气图中常见的导体颜色标识见表 4-5。

表 4-5　建筑电气图中常见的导体颜色标识

导体名称	颜色标识
交流导体的第 1 线	黄色（YE）
交流导体的第 2 线	绿色（GN）
交流导体的第 3 线	红色（RD）

导体名称	颜色标识
中性导体 N	淡蓝色（BU）
保护导体 PE	绿、黄双色（GNYE）
PEN 导体	全长绿 / 黄双色(GNYE),终端另用淡蓝色(BU) 标志。或全长淡蓝色（BU），终端另用绿、黄双色（GNYE）标志
直流导体的正极	棕色（BN）
直流导体的负极	蓝色（BU）
直流导体的中间点导体	淡蓝色（BU）

4.1.2　配电系统图的识读

配电系统图主要表达照明配电的信息。通过配电系统图可以了解的内容包括以下几项：

（1）电源进线的类型及敷设方式，电线的根数。

（2）进线总开关的类型及特点。

（3）电源进入总配电箱后分的支路数量，以及支路的功能与名称。电线数量、开关特点与类型、敷设方法。

（4）是否有零排、保护线端子排。

（5）配电箱的标号与功率。

配电箱系统图如图 4-2 所示。

电源进线"BV-4×16-BVR-1×16-PVC50-WC，FC"为 4 根 16mm² 的聚氯乙烯绝缘铜芯线穿直径为 50mmPVC 塑料管暗敷设在地面或地板内、暗敷于墙内。另外，还有 1 根 16mm² 的铜芯聚氯乙烯绝缘软电线。

进线总开关"C65N-C63/4P"是型号为 C65N 额定电流为 63A 的 4 极断路器。

电源进入配电箱后分为 10 个支路（回路）。其中 N1、N2 支路的断路器"DPN-C16"为 16A 额定电流照明型 DPN 断路器。出线"BV-2×2.5-KBG20-WC CC"是 2 根 2.5mm² 的聚氯乙烯绝缘铜芯线穿直径为 20mm 的薄壁金属管（KBG）暗敷于墙内，暗敷设在屋面或顶板内。

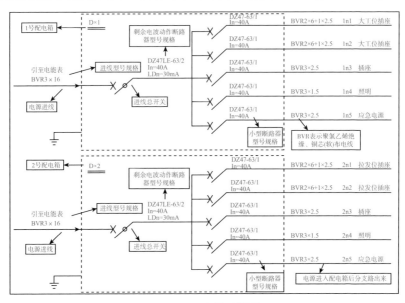

图 4-2　配电箱系统图

N3、N4、N5、N6、N7 支路的断路器"DPNVigi-C16"为 16A 带漏电功能的开关。出线"BV-2×2.5-BVR-1×2.5-KBG20-WC，FC"为 2 根 2.5mm² 的聚氯乙烯绝缘铜芯线、1 根 2.5mm² 的铜芯聚氯乙烯绝缘软电线穿直径为 20mm 的薄壁金属管（KBG）沿建筑物墙、地面内暗敷。

注：单相插座回路为三根线。

N8、N9 支路的断路器"DPN-C16"为 16A 起跳电流照明型 DPN 断路器。出线"BV-2×2.5-BVR-1×2.5-KBG20-WC，FC"为 2 根 2.5mm² 的聚氯乙烯绝缘铜芯线、1 根 2.5mm² 的铜芯聚氯乙烯绝缘软电线穿直径为 20mm 的薄壁金属管（KBG）沿建筑物墙、地面内暗敷。

注：单相插座回路为三根线。

N10 支路的断路器"DPN-C20"为 20A 的开关，出线"BV-2×4.0-BVR-1×4.0-KBG25-WC，UC"为 2 根 4mm² 的聚氯乙烯绝缘铜芯线、1 根 4mm² 的铜芯聚氯乙烯绝缘软电线穿直径为 25mm 的薄壁金属管（KBG）暗敷于墙内、吊顶内敷设。

从此配电箱系统图还可以看出，没有零排、保护线端子排，此配电箱功率为 16kW。

4.2 照明施工平面图识读

4.2.1 照明施工平面图中的电气符号含义

（1）照明灯具图形符号见表4-6。

表4-6 照明灯具图形符号

灯具名称	图形符号	说明	灯具名称	图形符号	说明
灯		灯或信号灯的一般符号，与电路图上符号相同	球形灯 吸顶灯		
投光灯			壁灯		
荧光灯	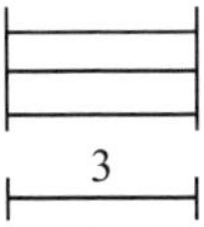 3	示例为3管荧光灯	花灯		
应急灯		自带电源的事故照明灯装置	弯灯	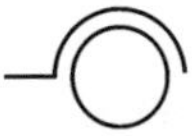	
气体放电灯的辅助设备		仅用于与光源不在一起的辅助设备	安全灯		
			隔爆灯		

（2）开关、触点的图形符号见表4-7。

表4-7 开关、触点的图形符号

常用图形符号		说明	应用类型
形式1	形式2		
		单联单控开关	平面图
		双联单控开关	
		三联单控开关	
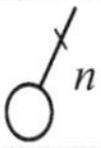		n联单控开关	

续表 4-7

常用图形符号		说明	应用类型
形式 1	形式 2		
		带指示灯的单联单控开关	
		带指示灯的双联单控开关	
		带指示灯的三联单控开关	
		带指示灯的 n 联单控开关，$n > 3$	
		单极限时开关	
		单极声光控开关	平面图
		双控单极开关	
		动合（常开）开关	
		动断（常闭）触点	
		先断后合的转换触点	
		中间断开的转换触点	
		先合后断的双向转换触点	
		延时闭合的动合触点	

常用图形符号		说明	应用类型
形式 1	形式 2		
 延时断开的动合触点		延时断开的动合触点	平面图
 延时断开的动断触点		延时断开的动断触点	
 延时闭合的动断触点		延时闭合的动断触点	
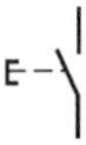 自动复位的手动闭合按钮开关		自动复位的手动闭合按钮开关	
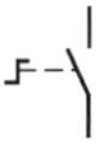 无自动复位的手动旋转开关		无自动复位的手动旋转开关	
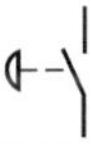 具有动合触点且自动复位的蘑菇式的应急按钮开关		具有动合触点且自动复位的蘑菇式的应急按钮开关	
带有防止无意操作的手动控制的具有动合触点的按钮开关		带有防止无意操作的手动控制的具有动合触点的按钮开关	电路图、接线图
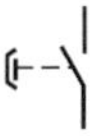 热继电器，动断触点		热继电器，动断触点	

（3）灯具安装方式文字符号见表 4-8。

表 4-8　灯具安装方式文字符号

序号	文字符号	名称	序号	文字符号	名称
1	SW	线吊式	7	CR	顶棚内安装
2	CS	链吊式	8	WR	墙壁内安装
3	DS	管吊式	9	S	支架上安装
4	W	壁装式	10	CL	柱上安装
5	C	吸顶式	11	HM	座装
6	R	嵌入式			

4.2.2　照明施工平面布置图读识

照明平面图如图 4-3 所示。

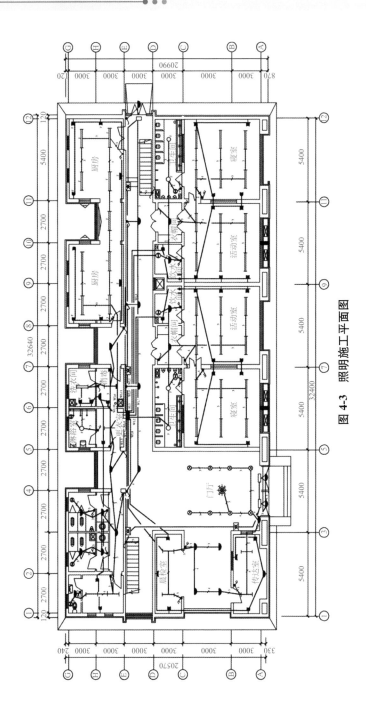

图 4-3 照明施工平面图

（1）从图4-3中可知，照明配电箱AL1，由配电箱AL1引出WL1~WL11路配电线。

（2）WL1照明支路，共有4盏双眼应急灯和3盏疏散指示灯。4盏双眼应急灯：1盏位于轴线Ⓑ的下方，连接到③轴线右侧传达室附近；另外3盏位于轴线Ⓔ的下方，分别连接到③轴线左侧传达室附近、⑦轴线左侧消毒室附近、⑪轴线右侧厨房附近。3盏疏散指示灯：2盏位于轴线Ⓐ的上方，连接到③~⑤轴线之间的门厅；另外1盏位于轴线Ⓓ~Ⓔ之间，连接到 ⑫轴线右侧的楼道附近。

（3）WL2照明支路，共有2盏防水吸顶灯、2盏吸顶灯、12盏双管荧光灯、2个排风扇、3个暗装三极开关、2个暗装两极开关、1个暗装单极开关。轴线Ⓒ~Ⓓ之间，连接到⑤~⑦轴线之间的卫生间里安装2盏防水吸顶灯、1个排风扇和1个暗装三极开关；连接到⑦~⑧轴线之间的衣帽间里安装1盏吸顶灯和1个暗装单极开关；连接到⑧~⑨轴线之间的饮水间里安装1盏吸顶灯、1个排风扇和1个暗装两极开关。轴线Ⓐ~Ⓒ之间，连接到⑤~⑦轴线之间的寝室里安装6盏双管荧光灯和1个暗装三极开关；连接到⑦~⑨轴线之间的活动室里安装6盏双管荧光灯和1个暗装三极开关。

（4）WL3照明支路，共有2盏防水吸顶灯、2盏吸顶灯、12盏双管荧光灯、2个排风扇、3个暗装三极开关、2个暗装两极开关、1个暗装单极开关。轴线Ⓒ~Ⓓ之间，连接到⑨~⑩轴线之间的饮水间里安装1盏吸顶灯、1个排风扇和1个暗装两极开关；连接到⑩~⑪轴线之间的衣帽间里安装1盏吸顶灯和1个暗装单极开关；连接到 ⑪~⑫轴线之间的卫生间里安装2盏防水吸顶灯、1个排风扇和1个暗装三极开关。轴线Ⓐ~Ⓒ之间，连接到⑨~⑪轴线之间的活动室里安装6盏双管荧光灯和1个暗装三极开关；连接到 ⑪~⑫轴线之间的寝室里安装6盏双管荧光灯和1个暗装三极开关。

（5）WL4照明支路，共有1盏防水吸顶灯、12盏吸顶灯、1盏双管荧光灯、4盏单管荧光灯、4个排风扇、5个暗装两极开关和11个暗装单级开关。轴线Ⓖ下方，连接到①~②轴线之间的卫生间里安装1盏吸顶灯、1个排风扇和1个暗装两极开关；轴线Ⓗ~Ⓖ之间，连接到②~③轴线之间的卫生间里安装1盏吸顶灯、1个排风扇和1个暗装两极开关；连接到③~④轴线之间的卫生间里安装1盏吸顶灯、1个排风扇和1个暗装两极开关；连接到⑤~⑥轴线之间的淋浴室里安装1盏防水吸顶灯和1个排风扇；连接到⑥~⑦轴线之间的洗衣间里安装1盏双管荧光灯。轴线Ⓔ~Ⓗ之间，连接到②轴线左侧位置安装1个暗装两极开关；连接到3轴线位置安装1盏吸顶灯；连接到⑥~⑦轴线之间的消毒间里安装1盏单管荧光灯和2个暗装单极开关（其中1个暗装单级开关是控制洗衣间1盏双管荧光灯的）；连接到⑤~⑥轴线之间的更衣室里安装1盏单管荧光灯、1个暗装单极开关和1个暗装两极开关（其中1个暗装两极开关是用来控制淋浴室的防水吸顶灯和排风扇的）；连接到④~⑤轴线之间的位置安装1盏吸顶灯和1个暗装单极开关。轴线Ⓗ下方，连接到②~③轴线之间的洗手间里安装1盏吸顶灯和1个暗装单极开关。连接到③~④轴线之间的洗手间里安装1盏吸顶灯和1个暗装单极开关。轴线Ⓔ上方，连接到④轴线左侧位置安装1个暗装单极开关。轴线Ⓔ~Ⓗ之间和Ⓗ上方，连接到①~②轴线之间的中间位置各装1个单管荧光灯。轴线Ⓔ的下方，连接到④轴线位置安装1个暗装单极开关；连接到④~⑤轴线之间的中间位置安装1个暗装单级开关；连接到⑩~⑪轴线之间的中间位置安装1个暗装单级开关；连接到⑫轴线的位置安装1个暗装单级开关。轴线Ⓓ~Ⓔ之间，连接到④~⑤轴线之间的中间位置安装1盏吸顶灯；连接到⑥~⑦轴线之间的中间位置安装1盏吸顶灯；连接到⑩~⑪轴线之间的中间位置安装1盏吸顶灯；连接到⑫轴线右侧的位置安装1盏吸顶灯。

（6）WL5照明支路，共有6盏吸顶灯、4盏单管荧光灯、8盏筒灯、1盏水晶吊灯、1个暗装三极开关、3个暗装两极开关和1个暗装单极开关。轴线Ⓒ~Ⓓ之间，连接到①~③轴线之间的晨检室里安装2盏单管荧光灯和1个暗装两极开关。轴线Ⓑ~Ⓒ之间，连接到①~③轴线之间的位置安装4盏吸顶灯和1个暗装两级开关。轴线Ⓐ~Ⓑ之间，连接到①~③轴线之间的传达室里安装2盏单管荧光灯和1个暗装两极开关。轴线Ⓐ~Ⓒ之间，连接到③~⑤轴线之间的门厅里安装8盏筒灯、1盏水晶吊灯、1个暗装三极开关和1个暗装单级开关。轴线Ⓐ下方，连接到③~⑤轴线之间的位置安装2盏吸顶灯。

（7)WL6照明支路,共有9盏防水双管荧光灯、2个暗装两极开关。

轴线Ⓔ~Ⓖ之间，连接到⑧~⑫轴线之间的厨房里安装9盏防水双管荧光灯和2个暗装两极开关。

（8）WL7插座支路，共有10个单相二、三孔插座。轴线Ⓐ~Ⓒ之间，连接到⑤~⑦轴线之间的寝室里安装4个单相二、三孔插座；连接到⑦~⑨轴线之间的活动室里安装5个单相二、三孔插座。轴线Ⓒ~Ⓓ之间，连接到⑧轴线右侧的饮水间里安装1个单相二、三孔插座。

（9）WL8插座支路，共有7个单相二、三孔插座。轴线Ⓒ~Ⓓ之间，连接到①~③轴线之间的晨检室里安装3个单相二、三孔插座。轴线Ⓐ~Ⓑ之间，连接到①~③轴线之间的传达室里安装4个单相二、三孔插座。

（10）WL9插座支路，共有10个单相二、三孔插座。轴线Ⓒ~Ⓓ之间，连接到⑨~⑩轴线之间的饮水间里安装1个单相二、三孔插座。轴线Ⓐ~Ⓒ之间，连接到⑨~⑪轴线之间的活动室里安装5个单相二、三孔插座。轴线Ⓐ~Ⓒ之间，连接到⑪~⑫轴线之间的寝室里安装4个单相二、三孔插座。

（11）WL10插座支路，共有5个单相二、三孔插座、2个单相二、三孔防水插座。轴线Ⓔ~Ⓗ之间，连接到①~②轴线之间的隔离室里安装2个单相二、三孔插座；连接到⑤轴线右侧更衣室里安装1个单相二、三孔插座；连接到⑥~⑦轴线之间的消毒室里安装2个单相二、三孔插座。轴线Ⓗ~Ⓖ之间，连接到⑥~⑦轴线之间的洗衣间里安装2个单相二、三孔防水插座。

（12）WL11插座支路，共有8个单相二、三孔防水插座。轴线Ⓔ~Ⓖ之间，连接到⑧~⑫轴线之间的厨房里安装8个单相二、三孔防水插座。

4.3　弱电布置图识读

4.3.1　弱电布置图中的电气符号含义

（1）弱电设备辅助文字符号见表4-9。

表 4-9　弱电设备辅助文字符号

文字符号	名称	文字符号	名称
DDC	直接数字控制器	KY	操作键盘
BAS	建筑设备监控系统设备箱	STB	机顶盒
BC	广播系统设备箱	VAD	音量调节器
CF	会议系统设备箱	DC	门禁控制器
SC	安防系统设备箱	VD	视频分配器
NT	网络系统设备箱	VS	视频顺序切换器
TP	电话系统设备箱	VA	视频补偿器
TV	电视系统设备箱	TG	时间信号发生器
HD	家居配线箱	CPU	计算机
HC	家居控制器	DVR	数字硬盘录像机
HE	家居配电箱	DEM	解调器
DEC	解码器	MO	调制器
VS	视频服务器	MOD	调制解调器

（2）火灾自动报警与消防联动控制系统常用图形符号见表 4-10。

表 4-10　火灾自动报警与消防联动控制系统常用图形符号

常用图形符号		说明	应用类型
形式 1	形式 2		
⊣▮⊢		感温火灾探测器（线型）	平面图、系统图
▢S		感烟火灾探测器（点型）	
▢S N		感烟火灾探测器（点型、非地址码型）	
▢S EX		感烟火灾探测器（点型、防爆型）	
▢∧		感光火灾探测器（点型）	
▢△		红外感光火灾探测器（点型）	

常用图形符号		说明	应用类型
形式 1	形式 2		
紫外感光火灾探测器（点型）			平面图、系统图
		可燃气体探测器（点型）	
		复合式感光感烟火灾探测器（点型）	
		复合式感光感温火灾探测器（点型）	
		线型差定温火灾探测器（线型）	
		光束感烟火灾探测器（线型，发射部分）	
		光束感烟火灾探测器（线型，接收部分）	
		复合式感温感烟火灾探测器（点型）	
		光束感烟感温火灾探测器（线型，发射部分）	
		光束感烟感温火灾探测器（线型，接收部分）	
		手动火灾报警按钮	
		消火栓启泵按钮	
		火警电话	
		火警电话插孔（对讲电话插孔）	
		带火警电话插孔的手动报警按钮	
		火警电铃	
		火灾发声警报器	
		火灾光警报器	
		火灾声光警报器	
		火灾应急广播扬声器	
↗	Ⓛ	水流指示器	
P		压力开关	
⊖ 70℃		70℃动作的常开防火阀	

续表 4-10

常用图形符号		说明	应用类型
形式1	形式2		
⊖ 280℃		280℃动作的常开排烟阀	平面图、系统图
φ 280℃		280℃动作的常闭排烟阀	
φ		加压送风口	
φ SE		排烟口	

（3）有线电视及卫星电视接收系统常用图形符号见表4-11。

表 4-11　有线电视及卫星电视接收系统常用图形符号

常用图形符号		说明	应用类型
形式1	形式2		
Y		天线，一般符号	电路图、接线图、平面图、总平面图、系统图
⊬		带馈线的抛物面天线	
⦸		有本地天线引入的前端（符号表示一条馈线去路）	平面图、总平面图
⦶		无本地天线引入的前端（符号表示一条输入和一条输出通路）	
▷		放大器、中继器一般符号（三角形指向传输方向）	电路图、接线图、平面图、总平面图、系统图
◁▷		双向分配放大器	
—◇—		均衡器	平面图、总平面图
—◈—		可变均衡器	
⊣A⊢		固定衰减器	电路图、接线图、系统图
⧄A⧄		可变衰减器	

常用图形符号		说明	应用类型
形式 1	形式 2		
	DEM	解调器	接线图、系统图 形式 2 用于平面图
	MO	调制器	
	MOD	调制解调器	
		两路分配器	
		三路分配器	
		四路分配器	
		分支器（表示一个信号分支）	电路图、接线图、平面图、系统图
		分支器（表示两个信号分支）	
		分支器（表示四个信号分支）	
		混合器（表示两路混合器，信息流从左到右）	
		电视插座	平面图、系统图

4.3.2 弱电布置图读识

下面以综合布线平面图为例识读弱电布置图。

通过仔细反复阅读各综合布线平面图，进一步明确综合布线各子系统中各种缆线和设备的规格、容量、结构、路由、具体安装位置、长度以及连接方式等（如相互连接的工作站间的关系；布线系统的各种设备间要拥有的空间及具体布置方案；计算机终端以及电话线的插座数量和型号），此外，还有缆线的敷设方法和保护措施以及其他要求。

某住宅楼综合布线工程平面图如图4-4所示。

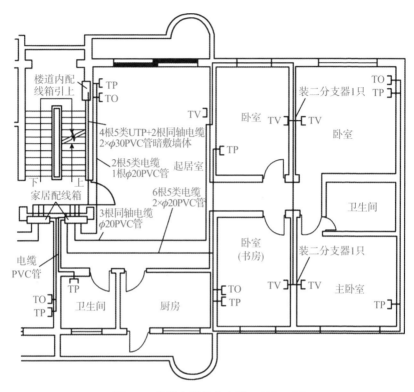

图 4-4 某住宅楼综合布线工程平面图

从图4-4中可知，信息线由楼道内配电箱引入室内，有4根5类4对非屏蔽双绞线电缆（UTP）和2根同轴电缆，穿 ϕ30mmPVC管在墙体内暗敷，每户室内装有一只家居配线箱，配线箱内有双绞线电缆分接端子与电视分配器，本户为3分配器。

户内每个房间均有电话插座（TP），起居室与书房有数据信息插座（TO），每个插座用1根5类UTP电缆与家居配线箱连接。

户内各居室均有电视插座（TV），用3根同轴电缆与家居配线箱内分配器相连接，墙两侧安装的电视插座用二分支器分配电视信号。

户内电缆穿 ϕ20mmPVC管于墙体内暗敷。

5

家装电气设计

5.1 负荷计算

5.1.1 一般家装用电负荷的计算方法

家装电气设计
布置效果图VR

扫码观看本文件

家装用电负荷与各分支线路负荷密切相关。线路负荷的类型不同，其负荷电流的计算方法也就不同。线路负荷一般分为纯电阻性负荷和感性负荷两类。家装工程中常见各种负荷的计算方法，荧光灯的耗电量等参数，常用家用电器的耗电量等参数见表 5-1~ 表 5-3。

表 5-1 家装工程中常见各种负荷的计算方法

负荷类型	计算公式	符号含义
线电阻性负荷 （如白炽灯、电加热器等）	$I = \dfrac{U}{R}$	I——通过负荷的电流（A）； R——负荷电阻（Ω）； U——电源电压（V）
感性负荷 （如荧光灯、电视机、洗衣机等）	$I = \dfrac{P}{U\cos\varphi}$	I——通过负荷的电流（A）； U——电源电压（V）； P——负荷的功率（W）； $\cos\varphi$——功率因数

负荷类型	计算公式	符号含义
单相电动机	$I=\dfrac{P}{U\eta\cos\varphi}$	U——电源电压（220V）； I——负荷电流（A）； P——电动机额定功率（W）； η——机械效率； $\cos\varphi$——功率因数
三相电机	$I=\dfrac{P}{\sqrt{3}U\eta\cos\varphi}$	U——电源电压（380V）； I——负荷电流（A）； P——电动机额定功率（W）； η——机械效率； $\cos\varphi$——功率因数

注：需要说明的是，公式中的 P 是指整个用电器具的负荷功率，而不是其中某一部分的负荷功率。例如，荧光灯的负荷功率等于灯管的额定功率与镇流器消耗功率之和；洗衣机的负荷功率等于整个洗衣机的输入功率，而不仅指洗衣机电动机的输出功率。由于洗衣机中还有其他耗能器件，使洗衣机实际消耗功率（即输入功率）常要比电动机的额定功率高出一倍以上。例如，额定输出功率为90~120W 的洗衣机，实际消耗功率有 200~250W。

表 5-2　各种荧光灯的耗电量、额定电流及功率因数

灯管型号	灯管耗电量/W	镇流器耗电量/W	总耗电量/W	额定电流/A	功率因数/cosφ	寿命/h
YZ6RR	6	4	10	0.14	0.33	≥2000
YZ8RR	8	4	12	0.15	0.36	≥2000
YZ15RR	15	7.5	22.5	0.33	0.31	≥5000
YZ20RR	20	8	28	0.35	0.36	≥5000
YZ30RR	30	8	38	0.36	0.48	≥5000
YZ40RR	40	8	48	0.41	0.53	≥5000

注：电子镇流器功耗一般在 4W 以下，功率因数在 0.9 以上，选用荧光灯时尽量选用电子镇流器荧光灯。

表5-3 常用家用电器的耗电量、额定电流及功率因数

电器名称	功率 /W	额定电流 /A	功率因数 /cosφ
电视机	100	0.51~0.65	0.7~0.9
电冰箱、冰柜	200	2.27~3.03	0.3~0.4
洗衣机	120	0.91~1.09	0.5~0.6
电熨斗	500~1000	2.27~4.54	1
电热毯	20~100	0.09~0.45	1
电吹风机	350~800	1.59~3.7	1
电热器	1500	6.8	1
电烤箱	600~1200	2.73~5.45	1
电饭煲	300~750	1.36~3.41	1
电炒锅	1000~1500	4.55~6.82	1
电磁炉	500~2000	2.84~11.36	0.8
大型吊扇	150	0.76	0.9
小型吊扇	75	0.38	0.9
台扇	66	0.34	0.9
电热水器	3000~6000	13.64~27.27	1
音响设备	150~200	0.85~1.14	0.7~0.9
吸尘器	400~800	2.1~3.9	0.94
吸油烟机	120~200	0.6~1.0	0.9
排气扇	40	0.2	0.9
空调器	1000~3000	6.5~15	0.7~0.9
浴霸	1200	5.45	1
电热油汀	1600~2000	7.27~9.09	1

5.1.2 总负荷电流的计算

通过住宅用电负荷计算，可为设计住宅电路提供依据，也可以验算已安装的电气设备规格是否符合安全要求。

住宅用电总负荷电流不等于所有用电设备的电流之和，而应该考虑这些用电设备的同期使用率（或称同期系数）。总负荷电流一般可按下式计算：

$$总负荷电流=\frac{用电量最大的一台（或两台）家用电器的额定电流}{同期系数×（其余用电设备的额定电流之和）}$$

为了确保用电安全可靠，电气设备的额定工作电流应大于总负荷电流的 1.5 倍；住宅导线和开关、插座的额定电流一般宜取总负荷电流的 2 倍。

计算住宅用电负荷必须考虑家庭用电负荷的发展，留有足够的裕量。另外，过去设计时采用的以 2kW/ 户或 $20W/m^2$ 为基数确定每户用电量的方法，现已不再适用。

5.2　电气设计原则

5.2.1　分支线路数量

1）分支线路数量的设计要求

（1）照明支路应与插座支路分开。这样在各自支路出现故障时不会相互影响，也有利于故障原因的分析和检修。比如，当照明支路发生故障时，可以用插座接上台灯进行检修，而不致使整个房间内"黑灯瞎火"。

（2）对于空调器、电热器、电炊具、电热淋浴器等耗电量较大的电器，应单独从配电箱引出支路供电，支路铜导线截面根据空调器实际决定，一般为 $2.5{\sim}4.0mm^2$。

（3）照明支路最大负荷电流应不超过 15A，各支路的出线口（一个灯头、一个插座都算一个出线口）应在 16 个以内。如每个出线口的最大负荷电流在 1A 以下，则每个支路出线口的数量可增加到 25 个。

（4）如果采用三相供电，支路负荷分配应尽量使三相平衡。

2）电源插座的设置要求

（1）应尽可能多地设置一些插座，以方便使用。一般单人卧室电源插座数量不少于 3 处，双人卧室及起居室不少于 4 处。随着人们生活水平的提高，除了设置一般用电设备的插座外，还应考虑设置电脑电源插座以及电视、通信、保安等弱电系统的插座。

（2）空调器电源支路的插座不宜超过两个，大容量柜式空调器应使用单独插座。厨房插座和卫生间插座宜设置单独回路。

（3）卧室宜采用单相两极与单相三极组合的五孔插座，有小孩的家庭宜采用防护式安全型插座。潮湿场所插座应采用带保护极的单相三极插座，浴室插座除采用隔离变压器供电时可以不接零保护外，均应采用带保护极的（防溅式）单相三极插座。

（4）除空调等人体很少触及的电气插座外，其他插座回路应带漏电保护器。

3）插座高度

插座面板高度与所处的区域有关，不同区域不同，一般遵循以下原则：

（1）客厅、卧室的一般插座高度为0.3m，开关安装高度一般为1.4m，与成人肩部平齐，距离门框约0.2m。

（2）厨房插座的安装高度应不低于1.3m，切忌近地安装。因为液化石油气的密度较空气大，泄漏后会沉积在地面附近。使用近地面安装的插座，容易引起爆炸和火灾。

（3）空调器插座的安装高度一般为1.8~2m，卧室插座的安装高度一般为0.3m。

（4）洗衣机的插座距地面1.2~1.5m高，电冰箱的插座为1.5~1.8m高。

5.2.2 客厅电气配置设计

1）照明配置

客厅适合冷、暖、中三种色温可切换的照明产品，具有冷暖光切换的功能。空间通常承载多种功能活动，需要灯光环境有与之相配的多种模式。主照明之外建议补充功能照明、局部和情景氛围照明。客厅主灯建议可调光调色，客厅强调装饰性，可选择与装修风格搭配适宜、装饰度高的灯具类型。

客厅照明整体搭配及各类灯具具体位置如图5-1、图5-2所示。

图5-1 客厅照明整体搭配及各类灯具具体位置实景

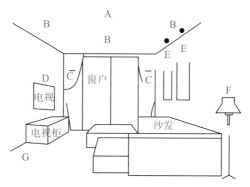

图 5-2 客厅照明整体搭配及各类灯具具体位置示意

A—吸顶灯；B—LED 灯带；C—壁灯；D—LED 灯带；E—射灯；F—落地灯；G—情境灯

客厅照明说明与客厅7种常见模式照明解决方案见表5-4、表5-5。

表 5-4 客厅照明说明

编号	名称	说明
A	主灯	客厅主灯，在室内空间较低情况下可以用吸顶灯；室内空间较高情况下可用吸顶灯，也可以用吊灯。无论是吸顶灯还是吊灯，在选择时要兼顾实用与美观，同时也要考虑日后维护。有些灯具虽然美观，但结构过于复杂，时间久了容易积尘且不易清洗，而变得不美观了。因此建议选购那些简捷、易清洗、易维护的灯具
B	灯带	可用 LED 灯带，也可以用荧光灯管或 LED 灯管连接而成
C	壁灯	根据喜好选择
D	灯带	可安装在电视机后四周，也可在电视机上方由吊顶灯槽灯带投射
E	射灯	一般投射在一些需要突出表现的艺术品上，如字画等
F	落地灯	可以移动，由插头插于插座上供电
G	情境灯	可以是固定的，也可以是移动的，如蜡烛灯等一些有特色而温馨的灯具

表5-5　7种常见模式照明解决方案

模式	解决方案	说明
一般模式	A+B+C	一般情况下，打开主照明吸顶灯，用LED灯带和壁灯作为辅助，客厅明亮而且灯带和壁灯营造出非常温馨的感觉
电视模式	D+F	电视模式，灯光的布置要缓解看电视造成的眼睛疲劳。看电视时，房间过暗，强对比的光容易使眼睛疲劳；若开主灯，房间过亮，欣赏电影的好气氛会被破坏。此时应增加背景照明，减小背景与电视间的亮度差，考虑到看电视过程中吃东西、找寻身边的物品，可以通过旁边的落地灯实现
聚会模式	A+B+E+F+G	聚会时，除了主照明外，辅助的射灯等让整个客厅的空间感大大提升，人多也不觉得压抑。射灯把精挑细选的画打亮，成为客厅的焦点，整个家的品位立刻提升
打扫模式	A+B+C+E	打扫整理是一项辛苦的工作。沙发脚、墙角等部位最容易产生卫生死角。打扫的时候，客厅空间需要保证每个角落都清晰可见，方便清洁
浪漫模式	G	朋友聚会与亲密好友聊天的时光总是令人期待。在客厅茶几或者房间角落处放置可以变色的情境灯，能够帮助营造温馨浪漫的气氛，促进交流，同时让空间富于变化
唯美模式	E	想要以美术馆的气氛来装饰画作，就要让你的画作犹如从四周浮现一般。在天花板上装设嵌入式射灯打亮画作，调控亮度比，突出画作装饰度，体现主人艺术品味。如果画作上有保护用的玻璃，就必须仔细调整照射角度，以防止光源投射在玻璃上出现画框的影子
补光模式	F	客厅进深长，远离窗户的内部采光差、昏暗时，应选用落地灯等可移动的灯具进行局部补光。一则增加空间通透感，减小照明暗区对空间整体美感的影响；二则阴天等室内光线不足时可单独补充，不需要打开主灯

注：1 各类灯光根据实际情况选择组合。

　　2 各类灯光应按以下编号组设置开关分别控制。

　　3 开关一般建议放置在客厅活动较多的地方，如沙发背后；其中一组灯光（如A或B）开关应设双控，并且一控应在大门边，方便进门开灯。

2）开关、插座面板设计

电视机是客厅主要电器之一，目前大多数家庭都使用平板电视机，并悬挂在墙壁，很多时候由于尺寸设计不好，漂亮的电视机下面总是挂着一段电线，不太美观，所以电视机的电源线和信号线位置一定要预先设计好。

一般要求方案中前墙与后墙的开关、插座面板布置如图 5-3~ 图 5-6 所示。

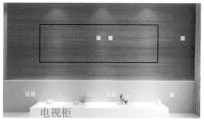

图 5-3　客厅前墙开关面板布置实景

图 5-5　客厅后墙开关面板布置实景

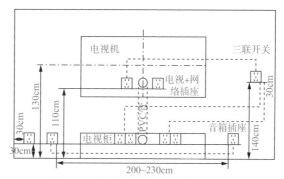

图 5-4　客厅前墙开关面板布置示意

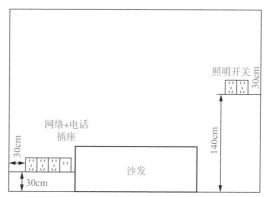

图 5-6　客厅后墙开关面板布置示意

开关、插座布置示意图说明如下：

（1）电视机壁挂时按示意图安排电视机相关插座、开关布置。

（2）电视机后面以电视机能挡住为准，图中尺寸能满足大部分要求。

（3）电视机柜下面插座顶部低于柜面10cm左右，柜子背板在插座位置可以开相应大小的口：如是抽屉形式，该处抽屉应较其他位置抽屉短些，方便抽插插头。

（4）电视机后面、电视机柜下插座分三组，分别由三联开关控制，在设备停机时可用开关方便关断设备交流电源。开关所控制的插座对应关系如虚线所示。

（5）如电视机由底座立于电视机柜上，则电视机柜下的插座可移至电视机柜上15~20cm处，PVC管可取消不用。

（6）前墙角处插座可用于空调柜机使用：PVC管用于穿电视机柜中音视频设备信号线。

（7）若希望电视背景墙简捷、干净，可以将电视机柜移至后墙沙发墙角处，在欣赏音视频时，坐在沙发边，不用起身即可操作。开关及插座按图示方式布置，插座及开关、音视频弱电插座移至后墙，按图示虚线连接或控制。

（8）插座控制开关可移至其他较隐蔽、易于操作的地方，如后墙电视机柜处。

（9）公共安全系统未安装到位的住宅应考虑预留对讲门铃、门禁系统点位，包括一个系统电源插座、一个空86暗盒，并从空盒用电管穿4芯以上的多芯信号线至门外。

5.2.3 主卧电气配置设计

1）照明设计

主卧适合温馨中低亮度的光，建议色温中性，暖色温。夫妻房需要营造温馨浪漫的空间氛围，可选择有多重模式的LED吸顶灯，搭配装饰性的局部照明。暖性光色易使人放松，增加情感交流。主卧照明整体搭配及各类灯具具体位置如图5-7、图5-8所示。

图 5-7　主卧照明整体搭配及各类灯具具体位置实景

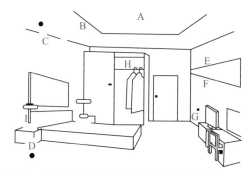

图 5-8　主卧照明整体搭配及各类灯具具体位置示意

A—吸顶灯；B—暗藏 LED 灯带；C—嵌入式射灯；D—情境灯；

E—暗藏 LED 灯带；F—镜前灯；G—小夜灯；H—台灯

主卧 8 种常见模式照明解决方案见表 5-6。

表 5-6　主卧 8 种常见模式照明解决方案

模式	解决方案	说明
照明模式	A+B	吸顶灯加 LED 灯带能满足卧室的温馨照明要求
入眠模式	H	过于明亮的灯光影响睡眠，而若上床前就把房间灯关掉，四周一片黑暗实在危险，建议选择床头立灯，放松舒缓的光效，可选择橘色的灯光，有助于心情平静，帮助我们自然而然地进入梦乡
电视模式	E	看电视时，房间过暗，强对比的光容易使眼睛疲劳；若开主灯，房间过亮，欣赏电影的好气氛会被破坏。此时只需背景墙壁补光，减小与电视间的亮度差，既不伤眼睛，同时又营造出好的观影气氛。在卧室，大部分人喜欢躺着看电视，考虑到人的视线，不要直接接触或正对光源

续表 5-6

模式	解决方案	说明
起夜模式	G	熄灯后起夜，开大灯不便，昏暗中视线不好，因此在靠门位置装置小夜灯，位置低，光线直接照射地面，起身时照亮地面，躺在床上看不到光源，不会干扰睡眠。可选用比较柔和的暖光色产品，建议选择光感式，夜晚自动亮起
化妆模式	F	因为室内光线存在方向性，化妆镜前灯能够为化妆的主人提供均匀的光线，减少阴影，避免阴阳脸，提升化妆效率，让空间富于变化
阅读模式	H	晚上休闲阅读需要能够照亮书本、健康明亮的光。但同时要避免大脑过度兴奋，影响睡眠。建议阅读灯光线不要过亮，色温不宜过高，暖白光较为适宜。在床头两侧各置一个，夫妻两个互不干扰。台灯也可换成壁灯
情景模式	D	情景灯提供浪漫温馨气氛的光照效果，有助于提升情调，增进夫妻感情。新婚夫妻更适合选择情境照明，营造朦胧和静谧的二人世界
视觉模式	B	相对于客厅，卧室吊顶的亮度应给人柔和温馨的视觉感受，可降低亮度，选用中性光色的照明产品

注：1 各类灯光根据实际情况选择组合。

2 各类灯光应按以上编号分组设置开关分别控制。

3 吸顶开关设置双控方式，一控在门边，一控在床头；镜前灯开关放置在化妆镜旁；其他开关置于床头边。

2）开关、插座面板设计

主卧开关面板设置与客厅一般要求相似，操作控制主要在床两边床头柜上，方便起居。前后墙面开关、插座面板布置如图 5-9、图 5-10 所示。

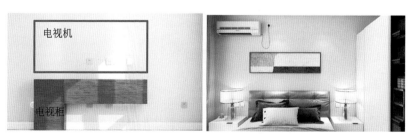

图 5-9 主卧前后墙面开关、插座面板布置实景

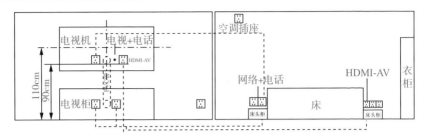

图 5-10   主卧前后墙面开关、插座面板布置示意

开关、插座面板布置示意图说明如下：

（1）电视墙上电源插座设置开关，开关放置在床头边，方便关断电视机等音视频设备交流电源，减少这些设备的待机功耗。

（2）电视机后插座靠近电视机下沿，以电视机能遮住为准。

（3）电视机后 HDMI+AV 插座与床头对应插座连接，可方便在床头连接电脑等音视频设备，冬天坐在床上也可用电脑看影视。

（4）空调安装不能正对床，可安装在床头墙面上，让空调对着对面墙吹，避免正对着人吹。

（5）可在靠窗的墙面安装 1~2 只五孔插座，可用于冬天插取暖器。

5.2.4   书房电气配置设计

1）照明设计

书房照明整体搭配及各类灯具具体位置如图 5-11 所示。

图 5-11   书房照明整体搭配及各类灯具具体位置实景

灯光设计应遵循以下 5 项原则：

（1）书桌上增添台灯以加强阅读照明，若想坐在书桌前阅读，只有间接照明并不够，最好在桌角处安置一盏桌灯，或者在正上方设置垂吊灯作为重点照明。尤其是当家中有小孩子时，除了书桌的设计必须随其高度调整外，还有桌上局部光源的设置。

（2）间接光源烘托书房沉静气氛，间接照明能避免灯光直射所造成的视觉炫光伤害，而且把灯开得很亮反而让人觉得有点累，不会想待在这个空间太久，思考不易集中。因此在设计书房时，最好采用间接光源的处理，如在天花板的四周安置隐藏式灯带光源，这样能烘托出沉稳的氛围。

（3）利用轨道灯直射书柜，营造视觉效果，书柜也可通过灯光变化，营造有趣的效果。例如，通过轨道灯或嵌灯的设计，让光直射书柜上的藏书或物品，有利于在书柜上查找要找的书。

（4）避免光源直射计算机屏幕。屏幕本身会发出强烈的光，若空间的光源太亮，打到屏幕上会反光，眼睛容易不舒服，甚至看不到屏幕上的字。但是若只让计算机屏幕亮，而四周较暗，视觉容易疲乏。

正确做法：不让计算机周边的墙壁暗，要让两者的亮度差不多，这样长时间阅读计算机里的文字时，眼睛才不容易疲劳。

（5）保留自然光很重要。书房适合阅读，建议书房的位置尽量在有自然光源能照射到的地方，即使与其他空间共享，如主卧室或客厅角落等，书桌的位置也尽量贴近窗户。另外，可通过百叶窗的设计，调整书房自然光源的明暗。

2）开关、插座配置设计

书房开关和插座配置不复杂，其墙面开关、插座面板布置主要包括以下几点：

（1）主灯光吸顶灯可在门边（图 5-12）与办公桌边（图 5-13）分别设置双控开关，其他灯光开关可以设置在办公桌附近，方便办公时变换灯光。

（2）插座主要包括办公设备，电脑、传真机等电源插座，主要设置于办公桌附近（图 5-13），还应预留冬天取暖器、空调插座等，电源插座总数量应在 5 只以上。除空调插座安装高度为 180cm 外，其他都在 30cm 高。

（3）弱电插座包括电话、网络插座，高度30cm。

图 5-12　门边开关

图 5-13　办公桌附近开关、插座

5.2.5　餐厅电气配置设计

1）照明设计

餐厅灯光适合采用中暖色，应选用显色性较好的照明产品，通过餐厅灯光的烘托，营造用餐氛围，增进用餐者的食欲。同时，灯具造型也能提升餐厅品味，此时应选择装饰性较强的；活跃用餐氛围（如烛光晚餐、家庭聚会等），应增加一些情景照明，进行氛围烘托，营造良好的用餐环境。

餐厅灯光布置如图 5-14、图 5-15 所示。餐厅 6 种常见模式照明解决方案见表 5-7。

图 5-14　餐厅灯光布置实景

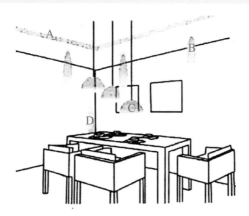

图 5-15　餐厅灯光布置示意

A—嵌入式天花灯；B—嵌入式射灯；C—餐吊灯；D—变色情境灯

表 5-7　餐厅 6 种常见模式照明解决方案

模式	解决方案	说明
进餐模式	A+C	餐厅吊灯光线需要覆盖用餐桌面，能够提升用餐的感受。吊灯需要高的显色性，这样可以让食物看起来更可口，增进食欲。低色温、柔和的光线更能增进温馨感和聚拢感
空间模式	A+B	紧贴墙面放置餐桌会让人有压迫感，通过搭配射灯照射墙面可以使整个空间显大，提升空间通透感，给人舒适明亮的感觉，同时满足亲友聚餐时需要光线充足的要求，营造良好聚会环境
温馨模式	D	餐桌上放置一台情境灯，营造浪漫气氛及愉悦的用餐氛围；同时又可装点食物色相。建议选择可变色情境灯，满足对不同灯光色彩的喜好
烘托模式	E	食物装饰画作可以增强食欲。要让画作从四周浮现，在天花板上装设嵌入式射灯照亮画作，调整亮度比，突出画作装饰度。如果画作上有保护用的玻璃，就必须仔细调整照射角度，以防止光源投射在玻璃上出现画框的影子

模式	解决方案	说明
办公模式	A+C	就餐需要温馨柔和的灯光氛围，工作学习需要明亮清爽的灯光环境，建议选择可调光调色的吊灯，切换亮度和色温，即可满足双重需要。上网与阅读对光线的需求不同，上网时屏幕有自发光，背景光线不宜过亮，而阅读时，则需要明亮舒适的照明效果，建议提供多模式切换
酒柜照明	-	用 LED 灯带对酒柜进行照明烘托，在满足基本照明功能的同时，突出陈列感，增加装饰性。若陈列物品多为金属和玻璃质，建议选用白光，因为白色的光会彰显出玻璃的剔透和晶莹；若陈列物品多为木质，则推荐选用偏黄色的光，有助于营造温暖及柔和感。LED 灯带建议安装在酒柜隔板边缘

注：1 各类灯光根据实际情况选择组合。

    2 各类灯光应按以上编号分组设置开关，分别控制。

    3 开关设置在餐桌附近，如靠近餐桌的厨房门边，与厨房灯光开关排在一起。

2）开关、插座配置设计

餐厅的插座配置很简单，只需 3~4 只五孔插座，设置于餐桌旁边，为冬天就餐使用的电火锅提供电源，插座离地 30cm。如电冰箱放在餐厅（电冰箱放在餐厅可免受厨房油烟的侵蚀）应再加 1 只三孔插座。

5.2.6 厨房电器配置设计

1）照明设计

厨房照明设计主要应把握以下 5 个要点：

（1）一般家庭的厨房照明，除基本照明外，还应有局部照明。不论是工作台面、炉灶还是储藏空间，都要有灯光照射，使每一工作程序都不受影响，特别是不能让操作者的身影遮住工作台面。所以，最好能在吊柜的底部安装隐蔽灯具，且有玻璃罩住，以便照亮工作台面。墙面应安装插座，以便点亮壁灯。

（2）厨房一般较为潮湿，灯具的造型应该尽量简洁，以便于擦洗。另外，为了安全起见，灯具最好能用瓷灯头和安全插座。

厨房里的储物柜内也应安装小型荧光管灯或白炽灯，以便看清物品。当柜门开启时接通电源，关门时又将电源切断。

（3）厨房中灯光分为两部分，一是对整个厨房的照明，一是对洗涤区及操作台面的照明。前者用可调式的吸顶灯照明，后者可在橱柜与工作台上方装设集中式光源，使用会更为安全、方便。

（4）在一些玻璃储藏柜内可加装射灯，特别是内部放置一些具有色彩的餐具时，能达到很好的装饰效果。这样协调照明，光线有主有次，能增强整个厨房的空间感。

（5）厨房照明对亮度要求较高，灯光应明亮而柔和。一般厨房的照明是在操作台的上方设置嵌入式或半嵌入式散光型吸顶灯，灯罩采用透明玻璃或透明塑料，这样天花板既简洁又显得明亮。

厨房电气配置如图 5-16、图 5-17 所示。

图 5-16　厨房电气配置实景

图 5-17　厨房电气配置示意

A—吸顶灯；B—嵌入式筒灯；C—吸油烟机照明灯；D—厨宝插座；

E—电饭煲插座；F—垃圾处理器插座；G—消毒柜插座

照明配置说明如下：

（1）A为吸顶灯，选用简约、表面光洁、易清洗的方形或圆形吸顶灯。

（2）B为嵌入式筒灯，安装在案板上方的橱柜底部，给洗菜、切菜提供照明。上方没有橱柜可以安装吊灯。

（3）C内嵌式射灯一般为吸油烟机自带。

2）开关、插座面板设计

厨房的电源插座设置如图5-17中的D、E、F、G，配置说明如下：

（1）D为下出水式厨宝电源插座，可安装于水槽上方厨柜内。

（2）E为电饭煲、微波炉、烤箱、电磁炉等电源插座，高度高出灶台30~40cm。

（3）F为厨房垃圾处理器电源插座，如厨宝为上出水方式，则取消D插座，在F处加1只厨宝插座。这两个插座都装在水槽下厨柜内，应避开下水管安装。

（4）电饭煲、微波炉、电磁炉、厨宝、烤箱等插座应带开关控制，避免频繁拔插。

5.2.7　卫生间电气配置设计

1）照明设计。

卫生间照明设计原则如下：

（1）卫生间照明设计由三个部分组成：基本照明、功能照明、氛围照明。

（2）空间光线要洁净、明亮、温馨，满足洗漱的需要，保证行动安全。

（3）应选择具有可靠的防水性与安全性的玻璃或塑料密封灯具。在安装时不宜过多，不可太低。吊灯的安装高度，其最低点应离地面不小于2.2m。壁灯的安装高度，其灯泡应离地面不小于1.8m，以免发生溅水、碰撞等意外。

卫生间照明设计如图5-18所示。

2）通风采暖设计

（1）通风设计：在我国大多数户型中，有很多无窗卫生间，通风显得尤为重要。选择适合的机械通风设备是设计师需要为客户考虑的问题。

在设备的选择过程中，最需要了解的关键参数就是空间所需的换气次数，它的单位是（次／h）。换气次数不仅与房间的性质有关，也与房间的体积、高度、位置、送风方式以及室内空气变差的程度等许多因素有关，是一个经验系数。

根据国家相关安全规范规定，卫生间换气次数为住宅卫生间 5 次 /h，公共卫生间 9 次 /h。在排风设备中，最基本的参数就是排风量，单位为 m³/h。

图 5-18　卫生间照明设计

按照公式计算：设备换气次数 $(n) = \dfrac{设备排风量（m³/h）}{房间空气体积（m³）}$，如果符合规定换气次数，则为空间适用的设备。

（2）卫生间采暖：国家对卫生间温度有相应的标准。为达到相应的标准，一方面建筑本身需要符合要求，另一方面在采暖设备的选择上也需要注重科学性。卫生间采暖常见的设备有暖气、暖风机、地暖三种。

3）电气设备设计

随着人们的住房面积不断扩大，生活质量逐步提高，卫生间承载的功能越来越多，种类繁多的电器进入了卫生间，给用电安全带来了很大的隐患。住宅卫生间的电气安全因其环境的特殊性显得尤为突出。所以卫生间的电气设计应该予以高度重视。除了满足居住者日新月异的用电需求外，还应本着以人为本的原则。

生活电器包括电动浴缸、智能马桶、智能淋浴房、洗衣机、足浴盆等。暖风电器包括浴霸、风暖、排风设备、热水器等。

5.2.8　住宅电气配置统计

家庭各个区域可能用的开关、插座统计见表 5-8。

表 5-8 家庭各个区域可能用得的开关、插座统计

区域	设备名称	数量 / 只	配置说明
主卧	双控开关	2	门边、床头各一只，控制主灯
	单控开关	7	电视机插座、影音设备插座、镜前灯、灯带、筒灯、壁灯、衣柜灯带
	5 孔插座	9	床头每边各 2 只（台灯、落地灯、电脑、充电）、电视机 1 只、影音设备 2 只、窗台附近 2 只（电暖器、风扇、增湿器）
	3 孔 16A 插座	1	壁挂空调边
	电视 + 网络	1	电视机后面
	电话 + 网络	1	床头边
	HDMI+AV	2	电视机后、床头边
书房	单控开关	3	主灯、灯带、筒灯
	5 孔插座	6	电脑、音响、显示器、台灯、传真、电暖器、风扇
	电话 + 网络	1	电脑边
	3 孔 16A 插座	1	空调
客厅	双控开关	2	门边、沙发边各一只，控制主灯
	单控开关	6	灯带、筒灯、壁灯、电视机、影音设备插座（2 只）
	5 孔插座	14	电视机、影音设备、鱼缸、饮水机、电话、电脑、投影仪、投影幕布、电暖器、风扇、可视门铃、备用
	3 孔 16A 插座	1	空调
	电视 + 网络	1	电视机后
	电话 + 网络	1	沙发边
	HDMI+AV	4	沙发边 2 只、电视机、投影仪
	4 音响插座	2	电视机柜下（前置、后置）
	2 音响插座	6	左前置、右前置、低音、左后置、右后置、电视机柜下低音
	三挡开关	1	沙发边控制投影幕布升降

续表 5-8

区域	设备名称	数量/只	配置说明
厨房	单控开关	2	主灯、筒灯
	5 孔插座	4	吸油烟机、豆浆机、消毒柜、备用
	1 开 3 孔 10A	4	电饭煲、厨宝、微波炉、垃圾处理器
	1 开 3 孔 16A	2	电磁炉、烤箱
	1 开 5 孔	1	备用
餐厅	单控开关	3	吊灯、灯带、壁灯
	5 孔插座	4	电冰箱、电火锅、备用
阳台	单控开关	2	主灯、洗衣机顶灯
	5 孔插座	4	电脑、洗衣机、备用
卫生间	单控开关	4	主灯、灯带、筒灯、镜前灯
	5 孔插座	7	洗衣机、吹风机、剃须刀、卷发器、足浴盆、电热壶、抽水马桶、浴缸、燃气热水器
	1 开 3 孔 16A	1	电热水器
	防水盒	7	开关防水
	电话	1	马桶边
	浴霸开关	1	浴霸专用
走廊	双控	2	走廊两头各 1 只，走廊不长则可用 1 只单控
楼梯	双控	2	楼上楼下各 1 只

注：1 插座要多装，宁溢勿缺，墙上所有预留的开关、插座，如果用得着就装，用不着的就装空白面板，千万别堵上。

2 表中开关按控制数量统计、插座按插孔数量统计，而开关最多有 4 联开关：118 型、120 型大盆插座最多也有 4 只的，故应根据实际情况组合，尽可能减少面板数量。

6

家装电工现场施工

6.1 电路定位

电路定位就是明确各种用电设备、设施（如洗衣机、电冰箱、电灯、电视机等）的数量、尺寸、安装位置，以免影响电路的施工进度与今后的使用。

电路定位应充分照顾到室内的每一处空间、每一个角落。具体内容如下：

6.1.1 定位入户门

从入户门开始定位（图6-1），确定开关以及灯具的位置，然后在需要的位置安排好插座。一般人们多用右手开灯、关灯，所以，一般家里的开关大多是安装在进门的左侧，这样方便人们进门后用右手开门。

图6-1 入户门处开关定位

6.1.2 定位卧室

卧室开关需要定位在门边（图6-2），与门边保持150mm以上的距离，与地面保持1200~1350mm的距离；床头一侧需要定位灯具双控开关（图6-3），与地面保持950~1100mm的距离，且床头柜两侧都要安装插座。图6-4所示为卧室书桌插座定位。

图6-2 卧室门边开关定位

图6-3 床头开关定位

图6-4 卧室书桌插座定位

6.1.3 定位客厅

确定灯具及开关的线路走向，考虑双开双控位置走向；确定电视机线、插座的位置。若客厅与餐厅一体为开敞式，开关布线应该集中布置在靠近过道的位置。且在客厅的电路改造中，要善于利用原有线路，以此减少新布线的长度。图6-5所示为客厅插座定位。

图 6-5　客厅插座定位

6.1.4　定位餐厅

围绕餐桌分布备用插座。餐桌临墙放置，插座设计在墙上（图6-6），反之则设计为地插。

在面积较小的角落式餐厅，插座应设计在餐桌正靠的墙面上，开关则宜设计在靠近过道与厨房的位置。

图 6-7 所示为餐厅灯具定位。

图 6-6　餐厅插座定位　　　　**图 6-7　餐厅灯具定位**

6.1.5　定位厨房

定位厨房插座时（图6-8），要确定厨房的橱柜等的摆放位置，还有电器的摆放位置，比如微波炉、烤箱、电饭煲等，都需要考虑到位。

图6-8 厨房插座定位

6.1.6 定位卫生间

卫生间灯具定位在干区的中央。便器位置侧面需要预留插座（图6-9），同时洗手柜的内侧，也需要插座。

注意：卫生间的插座须设计防水罩。

图6-9 卫生间插座定位

6.2 画线

画线是为了确定电线的线路走向、中端插座、开关面板的位置，在墙上、地面上标出明确的位置以及尺寸，并对画线部位做文字标记，以便于后期开槽、布线。

6.2.1 画线工具

画线一般用到的工具有激光水平测量仪（图 6-10）、水平尺（图 6-11）、盒尺（图 6-12）及墨盒（图 6-13）。

图 6-10 激光水平测量仪

图 6-11 水平尺

图 6-12 盒尺

图 6-13 墨盒

6.2.2 抄平

为了保证开出来的槽横平竖直，在开槽前要进行抄平（图6-14），用激光水平测量仪射出激光线，电工根据激光线用铅笔画出标记，然后，用一条沾了墨的线绳，两人各执一端，在地上或墙上弹墨线。作用是用来确定水平线或垂直线，作为砌墙的参考线。家装时，根据设计图定位的要求，在墙上、楼板上进行测量，然后弹线进行定位。一面墙至少标记两处，每个房间都得标记，不得遗漏。

图6-14 抄平

6.2.3 画线

（1）开关、插座画线如图6-15、图6-16所示。

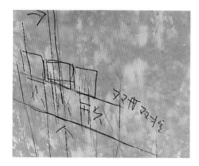

图6-15 开关画线

图6-16 插座画线

（2）墙面画线如图 6-17 所示。墙面中的电路画线应按竖向或者横向，尽量不要走斜线或交叉走线。

图 6-17　墙面画线

（3）地面画线如图 6-18 所示。地面上的电路画线，不要太靠近墙面，最好保持 300mm 以上距离。

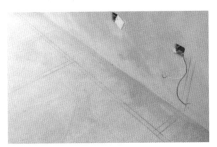

图 6-18　地面画线

6.3　开槽

在弹好线之后，接下来用手提切割机开布线槽。开槽要尽量规则，不规则的开槽会造成墙面大面积的损伤。

6.3.1　墙面开槽

墙面横向开槽（图 6-19）要注意深度，一般不允许对墙面横向开槽，必须要做的情况下，在开槽之前一定要考虑是否有必要。

墙面开槽

扫码观看本视频

注意：尽量不要在承重墙上横向开槽。

使用开槽机开槽时，要按照画线先开竖槽，之后再开横槽，顺序是由上到下，由左到右，且开出的线要横平竖直。开好线之后，再用冲击钻将线槽内的混凝土剔除。所有线路的开槽不可交叉，如果无法避免，则需要转 90° 直角绕开。暗盒的位置要按照画线开成正方形。

图 6-19　开槽

6.3.2　地面开槽

开槽要严格按照画线的标记进行，且地面开槽（图 6-20）深度不得超过 50mm，在开槽过程中，宜浇点水，达到减少灰尘的目的。

地面开槽

扫码观看本视频

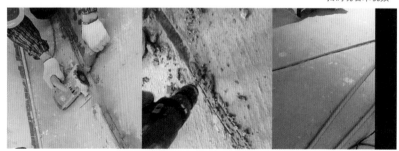

图 6-20　地面开槽

6.4 穿线管施工

6.4.1 穿线管加工

穿线管加工一般有冷揻法与热揻法两种方式，冷揻法适合管径小于等于25mm时使用，热揻法适合管径大于25mm时使用。

（1）冷揻法加工穿线管过程可以分为两类，分别为断管与揻管，其中揻管常用的两种工具，分别为弯管器一（图6-21）与弯管器二（图6-22）。冷揻法加工穿线管过程如图6-23所示。

图6-21 弯管器一

图6-22 弯管器二

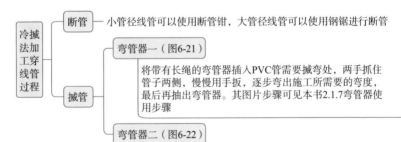

图6-23 冷揻法加工穿线管过程

（2）热搣法加工穿线管过程如图 6-24 所示。

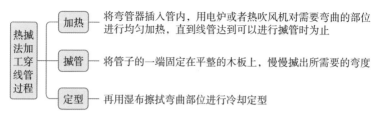

图 6-24 热搣法加工穿线管过程

6.4.2 穿线管连接

穿线管连接的方法一般分为三种，分别是配件连接、绝缘胶带缠绕连接以及 3 分管套 4 分管连接。3 分表示管子的尺寸，内径（公制）为 10mm，内径（英制）为 3/8（英寸），外径为 17mm。4 分表示内径（公制）为 15mm，内径（英制）为 1/2（英寸），外径为 21.3mm 管子的尺寸。

（1）套管连接步骤如图 6-25 所示。直接配件连接如图 6-26 所示。

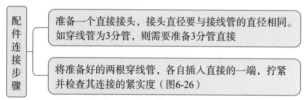

图 6-25 配件连接步骤

图 6-26 直接配件连接

（2）绝缘胶带缠绕连接步骤如图 6-27 所示。

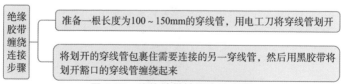

图 6-27 绝缘胶带缠绕连接步骤

（3）3 分管套 4 分管连接步骤如图 6-28 所示。

三分管套四分管连接步骤	准备一根4分管和一根3分管
	将3分管插入4分管100～200mm之间即可。如果要增加牢固度，则需要在3分管与4分管的接口处缠绕绝缘胶布，防止穿线管移位

图6-28　3分管套4分管连接步骤

6.4.3　穿线管与暗盒连接

穿线管与暗盒（6-29）连接需要锁扣和锁母（图6-30），通过锁扣与锁母的连接，实现暗盒与穿线管（图6-31）的连接。

图6-29　暗盒　　　　**图6-30　锁扣与锁母**　　　　**图6-31　穿线管**

穿线管与暗盒连接步骤如图6-32所示。穿线管与暗盒连接如图6-33所示。

穿线管与暗盒连接步骤	准备暗盒、锁扣、锁母与穿线管，将暗盒上的圆片去除，准备安装锁母
	将锁母从暗盒内部安装到暗盒上，将其与锁扣拧紧到不再晃动
	将穿线管插入到锁扣中

图6-32　穿线管与暗盒连接步骤

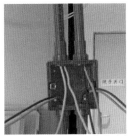

图6-33　穿线管与暗盒连接

6.4.4　穿线管铺设

一般情况下,管道敷设的施工顺序是:先地下,后地上;先大管道,后小管道;先高空管道,后低空管道;先金属管道,后非金属管道;先干管,后支管。

如果各类管道发生交叉,通常的避让原则是:小管道让大管道,压力管道让重力流管道,低压管道让高压管道,一般管道让高温或低温管道,辅助管道让物料管道,一般物料管道让易结晶、易沉淀物料管道,支管道让主管道。

穿线管敷设内容如图6-34所示。其中管卡固定线管如图6-35所示。

```
穿线管敷设内容
├─ 在地面敷设
│   电线管在地面敷设时,如果地面比较平整,垫层厚度足够,电线管可直接放在地面上。为了防止地面上的线管在其他工种施工过程中被损坏,在垫层内的线管可用水泥砂浆进行保护
│
├─ 在墙面敷设
│   在墙面上暗敷设穿线管时,需要先在墙面上开槽。开槽工具一般采用切割机。严禁在梁、柱上开槽。配管要尽量减少转弯,沿最短路径,经综合考虑确定合理管路敷设部位和走向,确定正确的盒(箱)安装位置。安装接线盒的孔洞可使用电锤打孔,也可采用切割机打孔。开槽完成后,将穿线管敷设在线槽中,可用管卡固定(图6-35),也可用木榫进行固定
│
└─ 在吊顶内敷设接线管
    吊顶内的线管要采用明管敷设的方式,不得将线管固定在平顶的吊架或龙骨上,接线盒的位置应正好和龙骨错开,这样便于日后检修。如果要用软管接到下面灯的位置,软管的长度不能超过1m
```

图6-34　穿线管敷设内容

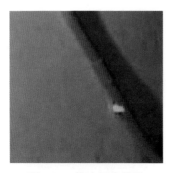

图6-35　管卡固定线管

6.4.5 穿线管穿线

（1）穿线管穿线步骤如图 6-36 所示。

图 6-36　穿线管穿线步骤

（2）穿线要求如图 6-37 所示。

穿线管铺设内容

- 强电与弱电不应穿入同一个根管线内
- 强电与弱电交叉时，强电在上，弱电在下，横平竖直，交叉部分需要用铝锡纸包裹
- 导线必须分色，插座线色为：火线为红色，零线为蓝色，地线为双色。开关线色为：火线为红色，控制线为黄色
- 导线在开关盒、插座盒（箱）内留线长度不应小于15cm
- 导线在管内严禁接头，接头应在检修底盒或箱内，以便检修
- 接线盒（箱）内导线接头须用防水、绝缘、黏性好的胶带牢固包缠

图 6-37　穿线要求

6.5 导线连接

6.5.1 小截面单股导线连接

步骤：先将两导线的芯线线头做 X 形交叉 ［图 6-38（a）］，再将它们相互缠绕 2~3 圈后扳直两线头 ［图 6-38（b）］，然后将每个线头在另一芯线上紧贴密绕 5~6 圈后剪去多余线头即可 ［图 6-38（c）］。

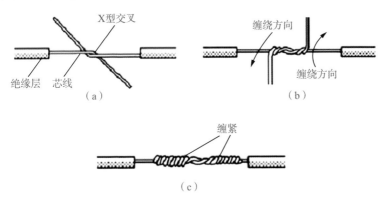

图 6-38 单股导线直接连接

6.5.2 大截面单股导线连接

步骤：先在两导线的芯线重叠处添加一段相同直径的芯线，再用一根截面约 1.5mm^2 的裸铜线在其上紧密缠绕 ［图 6-39（a）］，缠绕长度为导线直径的 10 倍左右，然后将被连接导线的芯线线头分别折回 ［图 6-39（b）］，再将两端的缠绕裸铜线继续缠绕 5~6 圈后剪去多余线头即可 ［图 6-39（c）］。

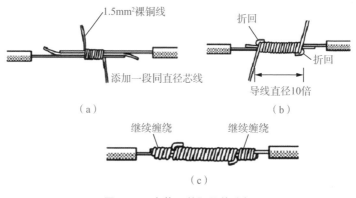

图 6-39　大截面单股导线连接

6.5.3　不同截面单股导线连接

步骤：先将细导线的芯线在粗导线的芯线上紧密缠绕 5~6 圈［图 6-40（a）］，然后将粗导线芯线的线头折回紧压在缠绕层上［图 6-40（b）］，再用细导线芯线在其上继续缠绕 3~4 圈后剪去多余线头即可［图 6-40（c）］。

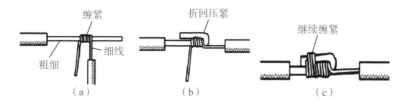

图 6-40　不同截面单股导线连接

6.5.4　单股导线的 T 字分支连接

步骤：将支路芯线的线头紧密缠绕在干路芯线上 5~8 圈后剪去多余线头即可［图 6-41（a）］。对于较小截面的芯线，可先将支路芯线的线头在干路芯线上打一个环绕结，再紧密缠绕 5~8 圈后剪去多余线头即可［图 6-41（b）］。

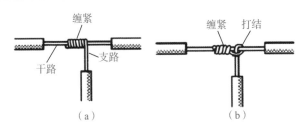

图 6-41　单股导线的分支连接

6.5.5　单股导线的十字分支连接

步骤：将上下支路芯线的线头紧密缠绕在干路芯线上 5~8 圈后剪去多余线头即可。可以将上下支路芯线的线头向一个方向缠绕 [图 6-42（a）]，也可以向左右两个方向缠绕 [图 6-42（b）]。

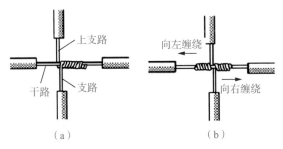

图 6-42　单股导线的十字分支连接

6.5.6　多股导线的直接连接

步骤：首先将剥去绝缘层的多股芯线拉直，将其靠近绝缘层的约 1/3 芯线绞合拧紧，而将其余 2/3 芯线成伞状散开，另一根需连接的导线芯线也如此处理 [图 6-43（a）]。接着将两伞状芯线相对着互相插入后捏平芯线 [图 6-43（b）]，然后将每一边的芯线线头分作 3 组，先将某一边的第 1 组线头翘起并紧密缠绕在芯线上 [图 6-43（c）]，再将第 2 组线头翘起并紧密缠绕在芯线上 [图 6-43（d）]，最后将第 3 组线头翘起并紧密缠绕在芯线上 [图 6-43（e）]。以同样方法缠绕另一边的线头。

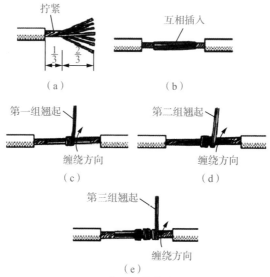

图 6-43　多股导线的直接连接

6.5.7　多股导线的 T 字分支连接

多股铜导线的 T 字分支连接有两种方法，其具体操作步骤如下。

步骤一：将支路芯线 90° 折弯后与干路芯线并行［图 6-44（a）］，然后将线头折回并紧密缠绕在芯线上即可［图 6-44（b）］。

图 6-44　多股导线的分支连接

步骤二：将支路芯线靠近绝缘层的约 1/8 芯线绞合拧紧，其余 7/8 芯线分为两组［图 6-45（a）］，一组插入干路芯线当中，另一组放在干路芯线前面，并朝右边按［图 6-45（b）］方向缠绕 4~5 圈。再将插入干路芯线当中的那一组朝左边按［图 6-45（c）］方向缠绕 4~5 圈，连接好导线即可［图 6-45（d）］。

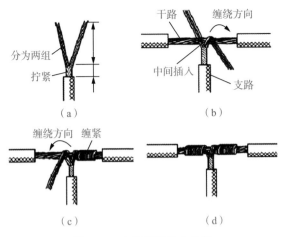

图 6-45　多股导线分支连接

6.5.8　单股导线与多股导线的连接

步骤：先将多股线的左端绝缘层口 3~5mm 处的芯线上，用螺丝刀把多股芯线分成较均匀的两组［图 6-46（a）］。把单股芯线插入多股芯线的两组芯线中间，但单股芯线可插到底，应使绝缘层切口离多股芯线约 3mm 的距离。接着用钢丝钳把多股芯线的插缝钳平钳紧［图 6-46（b）］。把单股芯线按顺时针方向紧缠在多股芯线上，应使圈圈紧挨密排，绕足 10 圈；然后切断余端，钳平切口毛刺［图 6-46（c）］。

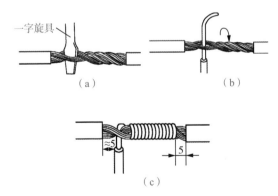

图 6-46　单股导线与多股导线的连接

6.5.9 同一方向的导线的连接

步骤：对于单股导线，可将一根导线的芯线紧密缠绕在其他导线的芯线上，再将其他芯线的线头折回压紧即可［图 6-47（a）、（b）］。对于多股导线，可将两根导线的芯线互相交叉，然后绞合拧紧即可［图 6-47（c）、（d）］。对于单股导线与多股导线的连接，可将多股导线的芯线紧密缠绕在单股导线的芯线上，再将单股芯线的线头折回压紧即可［图 6-47（e）、（f）］。

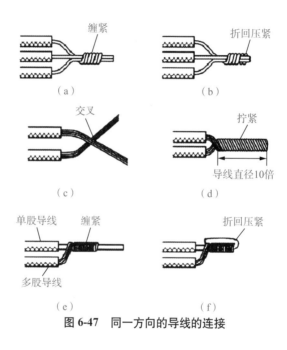

图 6-47 同一方向的导线的连接

6.5.10 双芯或多芯电线电缆的连接

双芯护套线、三芯护套线或电缆、多芯电缆在连接时，应注意尽可能将各芯线的连接点互相错开位置，以便更好地防止线间漏电或短路。双芯护套线的连接情况见［图 6-48（a）］，三芯护套线的连接情况见［图 6-48（b）］，四芯电力电缆的连接情况见［图 6-48（c）］。

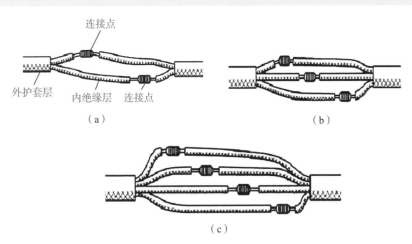

图 6-48　双芯或多芯电线电缆的连接

6.5.11　直导线与平压接线柱的连接

步骤：按约为接线桩螺钉直径 6 倍的长度剥削导线连接点绝缘层。以剥去绝缘层芯线的中点为基准，按螺钉规格弯曲成压接圈后，用钢丝钳紧紧夹住压接圈根部，把两根芯线互绞一圈，使压接圈呈现的形状，如图 6-49 所示。最后把压接圈套入螺钉后拧紧。

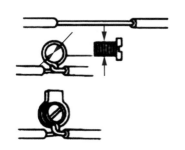

图 6-49　直导线与平压接线柱的连接

6.6　导线接头的绝缘恢复方法

6.6.1　绝缘胶带法

绝缘胶带法是最常用的方法，包缠绝缘应大于接线段全程，且应至少包缠 2 层。导线直线连接绝缘恢复方法如图 6-50 所示，导线 T 形分支连接绝缘恢复方法如图 6-51 所示。

　　绝缘胶带包缠要求：结实、平整，不能松散、粗大。对于照明及日常电气工作中的导线，是用黑胶布直接包缠来完成导线的绝缘恢复的。除此之外还有黄蜡带、涤纶薄膜带等材料。包缠时，从导线左边完整的绝缘层上开始包缠，包缠两根带宽后方可进入无绝缘层的芯线部分。黄蜡带（黑胶布）与导线保持约 45° 的倾斜角，每圈压叠带宽的一半。包缠一层黄蜡带后，将黑胶布接在黄蜡带的尾端，按另一斜叠方向包缠一层黑胶布，也应每圈压前面带宽的一半。

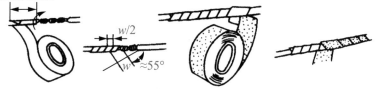

图 6-50　导线直线连接绝缘恢复方法

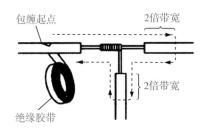

图 6-51　导线 T 形分支连接绝缘恢复方法

6.6.2　带接线帽法

　　线帽有多种规格，适合多股软线接线头使用（实际情况硬线上也在用）。将线头裸露部分的长度控制在 1.5cm，套上线帽后用压接钳在线帽内铜圈位置钳压即可，如图 6-52 所示。

图 6-52　带接线帽法

6.6.3　穿热缩管法

用 2.5~8mm 之间各种规格的热缩管来替代电工绝缘胶带，比用绝缘胶带的接头密封、绝缘好，外观干净、整洁，非常适合家庭装修应用，如图 6-53 所示。在导线焊接后可用热缩管做多层绝缘，其方法是：在接线前先将大于裸线段 4cm 的热缩管穿在各端，接线后先移套在裸线段，用家用热吹风机（或打火机）热缩，冷却后再将另一段穿覆上去热缩。若是接线头，头部热缩后可用尖嘴钳钳压封口。

图 6-53　热缩管

7

家装电工常用设施安装

7.1 配电箱安装

7.1.1 配电箱形状

家用配电箱种类很多，常用的家用配电箱如图 7-1 所示。拆下前盖后，配电箱的内部（图 7-2）中间有一个导轨，用于安装断路器和漏电保护器，下部有两排接线柱，分别为地线（PE）公共接线柱和零线（N）公共接线柱。图 7-3 是安装完成后的家用配电箱。

图 7-1 常用的家用配电箱

图 7-2 常用的家用配电箱内部

图 7-3 安装完成后的家用配电箱

7.1.2   配电箱安装

1）预埋固定螺栓

根据设计要求现场确定配电箱位置以及现场实际设备安装情况，按照箱的外形尺寸进行弹线定位。然后钻孔，预埋固定螺栓（图7-4）（也可用胀管螺栓）。一般采用上下各两个固定螺栓，埋设时用水平尺、线锤校正，使其保持水平，螺栓中心间距与配电箱安装孔中心间距相等，以免错位。

图7-4   预埋固定螺栓

2）配电箱的固定

固定前，先用水平尺和线锤校正箱体的水平度和垂直度，若不符合要求，应调整后再将配电箱固定可靠（图7-5）。

图7-5   配电箱的固定

3）安装箱内盘芯

将箱体内杂物清理干净，若箱后有分线盒，也一并清理干净，然后将导线理顺，分清支路和相序，并在导线末端用白胶布或其他材料临时标注清楚，再把盘芯与箱体安装牢固。最后将导线端头按标好的支路和相序引至箱体或盘芯上，逐个剥削导线端头，再逐个压接在器具上，同时将保护地线按要求压接牢固（图7-6）。

图7-6 安装箱内盘芯

4）合上箱盖

用仪表校对箱内电气设备有无差错，调整无误后试送电，把此配电箱的系统图贴在箱盖内侧，并标明各个设备用途及回路名称，方便以后操作，最后合上箱盖。

7.2 开关线路连接安装

7.2.1 单开单控开关

单开单控开关接线指单开开关控制一盏照明灯具，一根火线分成两段，连接到开关中，形成一根完整的火线，加上灯具上原本连接的零线，形成一个完整的回路。其连线如图7-7所示。

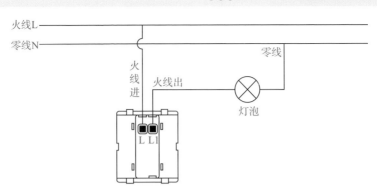

图 7-7　单开单控开关连线示意

7.2.2　单开双控开关

单开双控开关就是指两个开关同时控制一盏照明灯具。两个双控开关的连线，彼此需要连接两根互通线，并各自接出一根线到照明灯具上，通过相互供电，实现灯具的双控。其线路连线如图7-8所示。

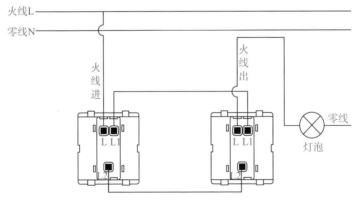

图 7-8　单开双控开关连线示意

7.2.3　双开单控开关

双开单控开关是指一个双开开关分别控制两盏照明灯具。其线路连线如图7-9所示。

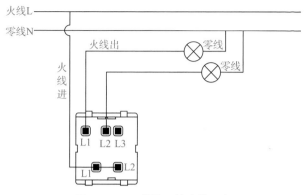

图 7-9 双开单控开关连线示意

7.2.4 双开双控开关

双开双控开关是指其分别控制两盏照明灯具。每一个双开控制的背板上，都需要连接 6 根导线，每一根导线连线都是固定的。线路连线如图 7-10 所示。

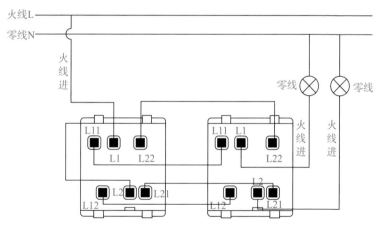

图 7-10 双开双控开关连线示意

7.2.5 三开开关

三开开关连接是指三个开关控制一个灯，就是在双控的基础上，把两个开关的连接线中间再加上一个双刀双掷开关。线路连线如图 7-11 所示。

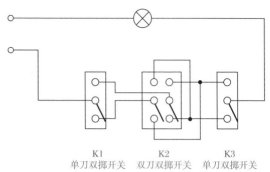

K1　　　　K2　　　　K3
单刀双掷开关　双刀双掷开关　单刀双掷开关

图 7-11　三开开关连线示意

7.2.6　触摸延时开关

触摸延时开关使用时，只要用手摸一下触摸电极，灯就亮了，延时若干分钟后自动熄灭。线路连线如图 7-12 所示。

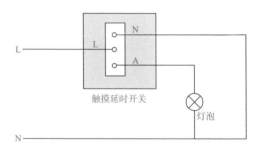

图 7-12　触摸延时开关连线示意

7.2.7　浴霸 4 开开关

浴霸 4 开开关有 5 根线，其实际线路连线如图 7-13、图 7-14所示。

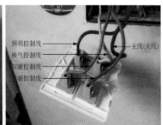

图 7-13　实图线路连线示意 1

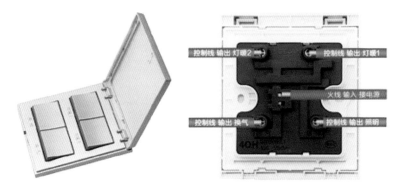

图 7-14　实图线路连线示意 2

7.3　智能开关

智能开关采用标准 86 底盒安装，其安装拆卸方法跟普通开关类似。不同规格的智能开关，其接线方式也略有区别。智能开关背面的布局如图 7-15 所示。

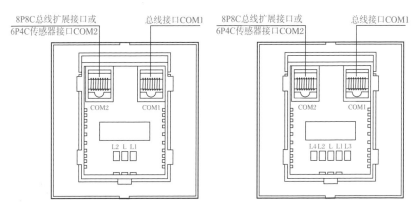

图 7-15　智能开关背面示意（3 端子和 5 端子）

通信总线接口、外接传感器接口：COM1 为固定的通信总线接口（8P8C），COM2 为通信总线扩展接口（8P8C）或传感器接口（6P4C 传感器接口），二者只能有其一。

负载接线端子：L（火线进线）、L1（第 1 路负载输出）、L2（第 2 路负载输出）、L3（三联开关第 3 路负载输出）。

7.3.1 单联、双联、三联开关用于控制灯光（电器）

L 接入火线，单联开关只有一路（L1）输出，双联开关有两路（L1、L2）输出，三联开关有三路（L1、L2、L3）输出。其线路连接分别如图 7-16、图 7-17、图 7-18 所示。

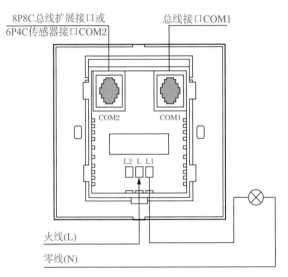

图 7-16　单联开关线路连接示意

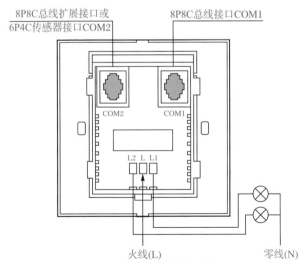

图 7-17　双联开关线路连接示意

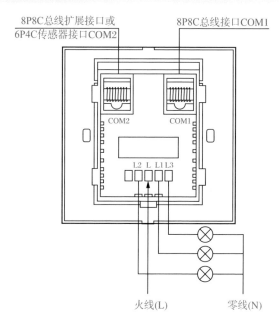

图 7-18 三联开关线路连接示意

通信总线水晶头接入 COM1，当相邻安装有其他智能产品时，可以通过总线扩展接口 COM2 连接到相邻智能产品的 COM1 接口。若选购的智能开关规格指明 COM2 为传感器接口的（即 6P4C 接口），则不能作为通信总线扩展接口使用。

注：高压驱动模块为双路（一路可控硅一路继电器，即一路可调一路不可调）输出时，L1 为可调负载接线端子，L2 为不可调负载接线端子。

7.3.2 单联开关用于控制普通插座

当智能开关后盖驱动模块为单继电器输出时，用户可以将它用于控制家用电器（如电视机、空调、热水器、电饭锅、饮水机等）的电源插座，使普通电源插座具备智能插座的功能。

控制插座的智能开关适合安装在便于用户手动操作的位置，如果该智能开关控制的是红外家电的电源插座（如空调插座），且当前房间安装有智能转发器，那么只要用户按下智能开关的按键（假设控制的是空调插座），则插座在得电的同时，空调也随之启

动。其安装位置与方法和智能单联开关相同。其线路连接如图 7-19
所示。

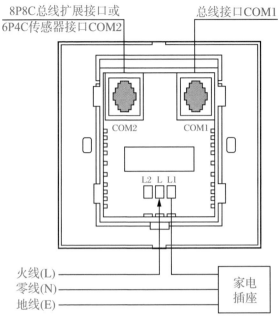

图 7-19　单联开关用于控制普通插座时的线路连接示意

7.3.3　窗帘开关

1）单联开关

后盖高压驱动模块为双继电器输出的单联开关，可以驱动 220V
交流电机，用于电动窗帘、电动卷闸门、电动卷帘的控制。L 输入
电压为电动窗帘或电动卷闸门（卷帘）的交流电源输入端（火线），
L1、L2 分别为电动窗帘或电动卷闸门（卷帘）的左右或上下开闭输
出控制端，若电机转向相反，则将 L1、L2 接线端对调即可；电机的
公共端(N)接零线；另外,COM1 接入通信总线。其线路连接如图 7-20
所示。

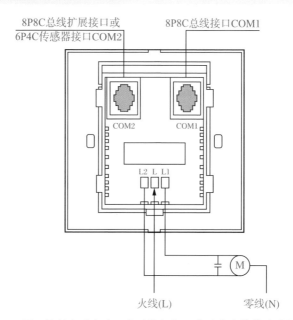

图 7-20 用于控制电动窗帘、电动卷闸门、电动卷帘的线路连接示意

2）直流窗帘开关

直流窗帘开关驱动的是直流电机，其线路连接如图 7-21 所示。

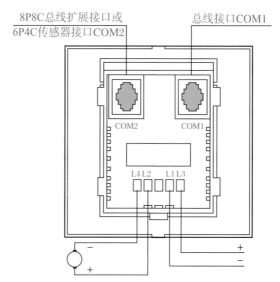

图 7-21 直流窗帘开关（用于驱动直流电机）的线路连接示意

3）双层窗帘触摸开关

可以驱动两个 220V 交流电机，可以控制两个电动窗帘，适合双层窗帘的控制。L 输入电压为电动窗帘或电动卷闸门（卷帘）的交流电源输入端（火线），L1、L3 分别为第一路电动窗帘的左右或上下开闭输出控制端，若电机转向相反，则将 L1、L3 接线端对调即可；L2、L4 分别为第二路电动窗帘的左右或上下开闭输出控制端，若电机转向相反，则将 L2、L4 接线端对调即可；电机的公共端（N）接零线；另外，COM1 接入通信总线。其线路连接如图 7-22 所示。

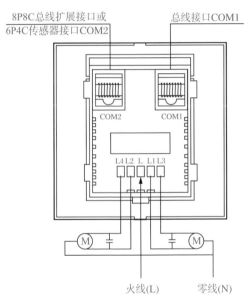

图 7-22　双层窗帘触摸开关（可以控制两个电动窗帘）的线路连接示意

7.3.4　灯光场景触摸开关、可编程触摸开关和音视频触摸开关

灯光场景触摸开关、可编程触摸开关和音视频触摸开关只需 COM1 接入通信总线即可。其线路连接如图 7-23 所示。

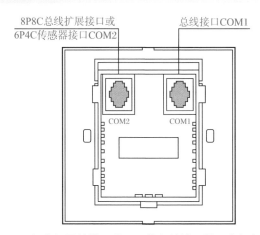

8P8C总线扩展接口或
6P4C传感器接口COM2

总线接口COM1

图 7-23　灯光场景触摸开关、可编程触摸开关、音视频触摸
开关背面线路连接示意

7.4　插座线路连接安装

7.4.1　三孔插座

三孔插座（图 7-24）是指带有一个三孔的插座。其背板（图 7-25）有三个接口，分别是火线接口、零线接口和地线接口，按照顺序依次连接即可。

图 7-24　三孔插座正面

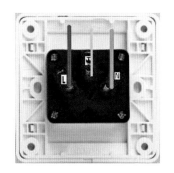

图 7-25 三孔插座背板

7.4.2　三孔带开关插座

三孔带开关插座（图 7-26）是指带有一个三孔、一个开关的插座。

其背板(图 7-27)有三个接口,分别是火线接口、零线接口和地线接口,其线路连接方式一般有两种,分别是开关控制插座、开关控制灯。

图 7-26　三孔带开关插座正面　　　**图 7-27　三孔带开关插座背板**

(1)开关控制插座连线如图 7-28 所示。

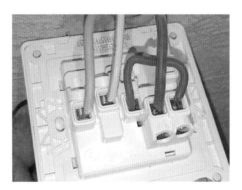

图 7-28　开关控制插座连线示意

(2)开关控制灯连线如图 7-29 所示。

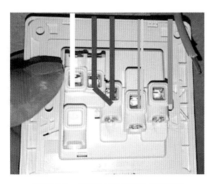

图 7-29　开关控制灯连线示意

7.4.3　五孔插座

五孔插座（图 7-30）是指带有一个双孔、一个三孔的插座。其背板（图 7-31）有三个接口，分别是火线接口、零线接口和地线接口，按照顺序依次连接即可。

图 7-30　五孔插座

图 7-31　五孔插座背板

7.4.4　五孔带开关插座

五孔带开关插座是指带有一个双孔、一个三孔以及一个开关的插座。五孔带开关插座连线有以下几种情况。

（1）开关控制插座连线如图 7-32 所示。

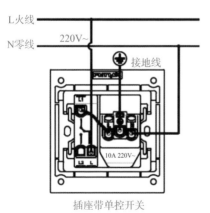

插座带单控开关

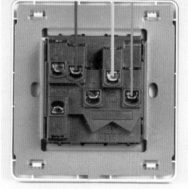

图 7-32　开关控制插座连线示意

（2）开关控制灯连线如图 7-33 所示。

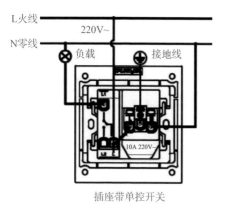

图 7-33　开关控制灯连线示意

7.4.5　USB 五孔插座

USB 五孔插座（图 7-34）是指带有一个双孔、一个三孔、两个 USB 接口的插座。其连线如图 7-35 所示。

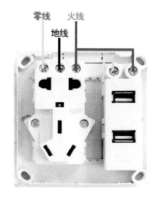

图 7-34　USB 五孔插座　　　**图 7-35　连线示意**

7.4.6　智能插座

智能插座用于家电电源的智能控制，可以有效杜绝家电的待机功耗；智能插座面板上还提供有一个开 / 关按钮，方便手动操作。智能插座强电接线方面（火线、零线、地线）和传统插座的接线方式一样；智能插座只有一个通信总线接口 COM（8P8C），将水晶头插入通信总线接口 COM 即可。其线路连接如图 7-36 所示。

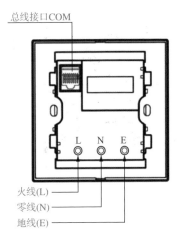
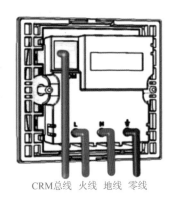

图 7-36　智能插座线路连接示意

7.5　弱电线路安装

7.5.1　电视

电缆端头（图 7-37）剥开绝缘层，露出线芯约 20mm，金属网屏蔽线露出约 30mm，将电缆横向穿过金属压片，线芯接中心，屏蔽网由压片压紧，之后拧紧螺钉，将安装好线路的电视插座安装到暗盒中，且两边用螺钉固定，最后将面板扣上即可，如图 7-38 所示。

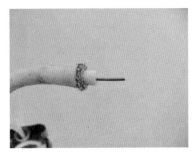

图 7-37　电缆端头　　　　图 7-38　电缆安装

7.5.2　电话

用网线钳至端头约 50mm 处剥开电话线外皮（图 7-39），并为绝缘导线解纽，然后将 4 根线芯的绝缘层剥去 20mm，且不能伤到线芯，将 4 根线芯按照盒子上的接线示意连接到端子上（图 7-40），有卡槽的放入卡槽中固定好，盖上防尘盖（图 7-41），将安装好的线路插座安装到暗盒中，且两边用螺钉固定，最后将面板扣上即可。

  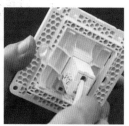

图 7-39　剥电话线外皮　　图 7-40　线芯连接到端子上　　图 7-41　盖防尘盖

7.5.3　电话远程控制器

电话远程控制器内置可编程智能语音模块，实现家居系统完全个性化的电话语音报警和电话 / 手机的全程智能语音导航遥控功能；另外，电话远程控制器（墙装式）还整合有本地电脑控制接口（RS232串口通信连接），管理软件可通过电脑串口登录家居系统。其线路连接如图 7-42 所示。

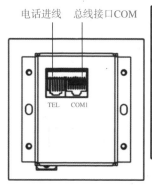 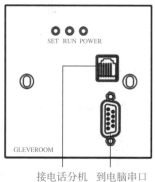

图 7-42　电话远程控制器（墙装式）线路连接示意

电话远程控制器模块，安装于弱电箱内。其线路连接如图 7-43 所示。

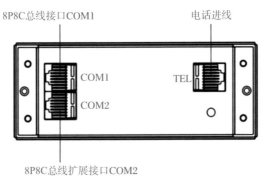

8P8C总线接口COM1

电话进线

8P8C总线扩展接口COM2

图 7-43　电话远程控制器模块背面线路连接示意

7.5.4　电脑网络线

将网络线的外层塑料套至端头剥去 20mm（图 7-44），且不要伤到线芯，将线芯散开后按颜色标分类依次插入压线板（图 7-45），待线芯插好后用力将色标盖扣紧（图 7-46），接线完成后检查线路安装是否正确，无问题后将线盒安装到暗盒中，两边用螺钉固定（图 7-47），最后将面板扣上即可（图 7-48）。

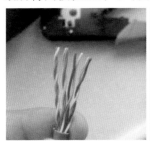

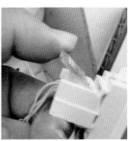

图 7-44　剥网络线外皮　图 7-45　网络线插入压线板　图 7-46　用力扣紧色标盖

图 7-47　固定线盒　　　图 7-48　安装面板

7.5.5 电脑网络控制器

墙装式电脑网络控制器采用标准 86 底盒安装方式，由 COM 口接入系统总线。它既可以连接电脑的串口，也可以连接宽带路由器、交换机或 Hub。当连接宽带路由器、交换机或 Hub 时，既可以通过正面的网口连接，也可以通过背面的 LAN 网口连接，二者选其一即可。其线路连接如图 7-49 所示。

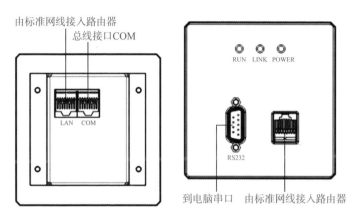

图 7-49　电脑网络控制器（墙装式）线路连接示意

电脑网络控制器模块安装于弱电箱内，由 COM1 或 COM2 接入系统总线。它占用 1U 模块位，通过 LAN 口连接宽带路由器、交换机或 Hub，其线路连接如图 7-50 所示。

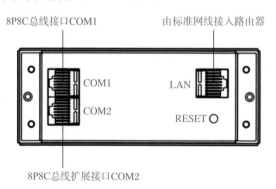

图 7-50　电脑网络控制器模块背面线路连接示意

7.5.6　音视频交换共享系统

　　智能音视频系统既可以作为一个独立的系统安装使用，又能完全融合到智能家居系统中进行控制和操作。音视频交换共享系统的安装敷线如图 7-51 所示。音视频交换机背面接线如图 7-52 所示。音视频接线盒接线如图 7-53 所示。

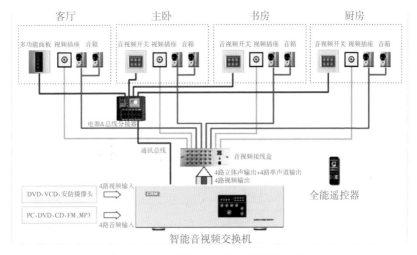

图 7-51　音视频交换共享系统连接示意

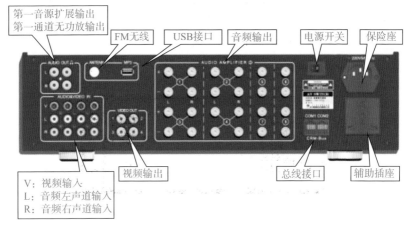

图 7-52　音视频交换机背面接线图

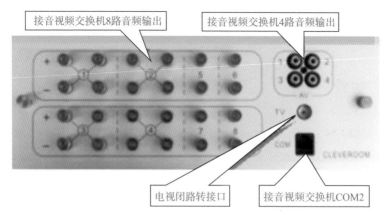

接音视频交换机8路音频输出

接音视频交换机4路音频输出

电视闭路转接口

接音视频交换机COM2

图 7-53 音视频接线盒接线示意

音视频交换机背面左上角两组立体声音频输出端的说明如下。

第一音源扩展输出：第一组输出是与第一音源直接并连输出，应用在客户想将第一音源送入音视频交换机又想将该音源送到其他视放设备时使用。

第一通道无功放输出：第二组输出是第一声音输出通道的无功放输出，便于客户使用自己的功放设备。

7.6 常用灯具安装

7.6.1 吸顶灯

将底座放在预定装置方位，用铅笔在吊顶做标记（图 7-54），然后拿走底座，用电钻在标记方位钻孔，接着在孔内装置固定底座用的膨胀螺栓，注意钻孔直径和埋设深度要与螺栓规格相符，之后把底座放回预定方位固定（图 7-55）。

装置好了底座，将吸顶灯电源线衔接的两个线头与线路连接，还要分别用黑胶布包好（图 7-56）。

接好电线后安装灯罩（图 7-57），并通电即可（图 7-58）。

图 7-54　做标记　　　　图 7-55　固定底座　　图 7-56　连接导线

图 7-57　安装外壳　　　　图 7-58　通电

7.6.2　射灯

首先在吊顶上打孔（图 7-59），再将预留的火线拉出来与驱动器连接（图 7-60），之后再连接灯具，将灯具与驱动器一起塞回开出的孔洞中，安装好射灯（图 7-61），并通电即可（图 7-62）。

图 7-59　吊顶打孔　图 7-60　线路连接　图 7-61　安装射灯　图 7-62　通电

7.4.3　筒灯

看筒灯的说明书确定筒灯尺寸并确定吊顶开孔尺寸，根据开孔尺寸用测量器在天花板上画出圆形的记号，用小型手工锯子开孔，将吊顶内的预留电源线按照用电规范与筒灯连接。调整筒灯固定簧片的蝶形螺母，使簧片的高度与吊顶的厚度相同，再把筒灯弹簧卡扣扳直后放进开好的天花板孔内。将筒灯两边的弹簧卡扣展开，卡在吊顶背面，最后装上灯泡即可，如图 7-63 所示。

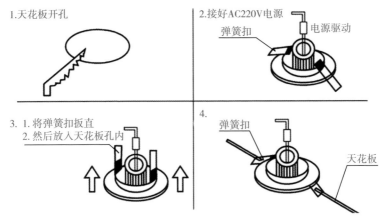

图 7-63　筒灯安装步骤

7.6.4　吊灯

安装吊灯首先要确定吊灯的安装位置，将吊灯面罩、灯管拆下，一般情况下，吊灯面罩有旋转和卡扣卡住两种固定的方式。底座放在预定安装位置，用铅笔在墙面做标记，然后拿走底座，用电钻在标记位置钻孔，把膨胀螺丝敲入打好的孔内，用自攻螺钉对准膨胀螺丝，顺时针扭进去，固定好，之后把底座放回预定位置固定，将电源线与吊灯的接线座进行连接，接好电线后，可试通电，一切正常后，关闭电源，安装上吊灯的面罩，如图 7-64 所示。

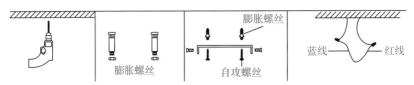

图 7-64　吊灯安装步骤部分示意

7.6.5 磁吸灯

磁吸灯的安装方式有三种，分别是嵌入式磁吸轨道、明装磁吸轨道、吊装磁吸轨道。可根据房屋结构来选择相应不同的安装类型。如果客厅未做吊顶，可选择明装式；如果是安装在餐厅上方，可选择吊装式；而嵌入式一般可替代筒射灯。但在安装时，要注意调节灯具角度，实现不同的灯光效果。

具体安装方法是：安装天花龙骨时，预留导轨安装槽（图 7-65）。在安装灯轨之前，请用"安装定位盖"盖住灯轨，安装灯轨，然后用自攻螺钉将灯轨安装并固定在预留的插槽中（图 7-66）。之后安装供电系统（变压器）（图 7-67）。安装磁吸灯连接线（图 7-68），安装好后再安装磁吸灯（图 7-69），并试灯（图 7-70），确认完全连接好供电系统，并确保轨道供电全线畅通。

图 7-65　导轨安装槽

图 7-66　固定轨道

图 7-67　安装变压器

图 7-68　安装连接线

图 7-69　安装磁吸灯

图 7-70　试灯

8

家装水工现场施工

8.1 水路定位

对照水路布置图（图8-1），查看现场实际情况。查看进户水管的位置，厨房、卫生间下水口、地漏的位置、数量，以及将要改动到的位置。考虑与水有关的所有设备（如便器、热水器等）的安装方式以及是否需要热水。

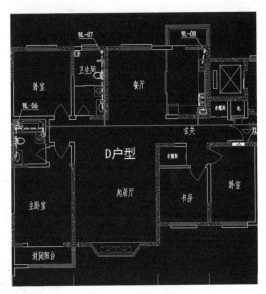

图8-1 水路布置图

8.1.1 卫生间定位

可以从卫生间开始定位（图 8-2），先定冷水管走向、热水器走向、再定热水管走向。在墙上标记出厨具等的相应位置。

洗脸盆的冷热水管宜距离侧墙面 35~55cm 左右，隐藏在洗手柜里面冷热水管的高度为 45~50cm，隐藏在墙里面冷热水管的高度为 90~95cm。淋浴高度 100~110cm，冷热水中心距 15~20cm，热水器高度（燃气）130~140cm，热水器高度（电加热）170~190cm。坐便器高度 25~30cm，蹲便器高度 100~110cm。

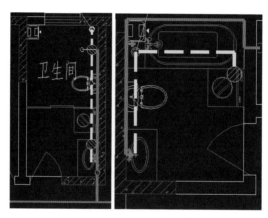

图 8-2 卫生间水管定位

8.1.2 厨房定位

厨房水管定位如图 8-3 所示。厨房水槽冷热水管之间保持 15~20cm 的间距，冷热水管端口距地面 45~55cm。

8.2 水路画线

水管画线可以用水平尺、墨斗等工具进行，具体操作与电路画线相同，内容可见本书第 6.2 节。

图 8-3 厨房水管定位

先弹水平线，其操作与电路弹水平线相同，之后根据进户水管、水管出水端口等的定位，计划水管的走向，根据不同的方案，水管走向可分为地面走水管、墙面走水管与顶面走水管。

8.2.1 地面水管画线

地面水管弹双线（图8-4），线的宽度根据水管排布数量决定。一般来说，一根水管的画线宽度为40mm左右。

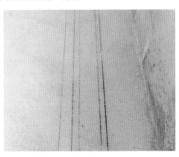

图8-4 地面水管弹线

8.2.2 墙面水管画线

墙面水管弹双线（图8-5），且冷热水管分开画线，彼此之间要隔200~300mm距离。

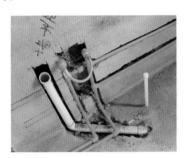

图8-5 墙面水管弹线

8.2.3 顶面水管画线

顶面水管弹单线（图8-6），标记出水管的走向即可。

图8-6 顶面水管弹线

8.3　水管开槽

水管开槽的原则是走顶不走地，走竖不走横。其宽度是 40mm，深度保持在 20~25mm 之间。不能垂直相交，不能铺设在电线管道的上面。

墙面开槽（图 8-7）最好竖着开，当必须横着开时，开槽深度不能大于 30mm。使用的开槽机要从左向右走，开槽时为避免灰尘和刀片过热，需要向开槽处不断喷水，如图 8-8 所示。

图 8-7　墙面开槽　　　　　图 8-8　开槽喷水

冷、热水管分别开槽走管。铺设时应左热右冷，平行间距不小于 200mm。

如果需要穿洞，单根水管的墙洞直径一般为 60mm（具体按实际水管管径决定），两根水管的墙洞直径一般为 60mm。

8.4　水管铺设

8.4.1　顶面水管铺设

首先安装水管管卡，每组管卡的间距为 400~600mm（图 8-9），且给水管道与墙面保持平行。然后再铺设水管。在水管拐弯处必须用水管管卡对管子进行固定。

图8-9　每组管卡的间距

8.4.2　墙面水管铺设

将水管连接进户，此处可以使用 90° 弯头将入户水管抬高，以便连接水管，在入户水管处安装总阀门。之后根据图纸进行水管连接。

在安装水管过程中，可能会遇到水管需要交叉连接，这时我们需要用到过桥弯头与三通，且过桥弯头安装在三通的下方。

通阳台的水管，必须埋在原毛坯房的墙面或地面深 40mm 的槽内，然后用水泥砂浆将槽口封住。

淋浴冷热水管端口使用双联内丝弯头连接，连接好后安装软管，使冷热水管形成闭合的回路。

铺设水管后，在密封前，应使用管夹进行固定。冷水管卡之间的距离不超过 60cm，热水管卡间距不超过 25cm。管口须用堵头进行封堵，如图 8-10 所示。

图8-10　堵头封堵

8.4.3 地面水管铺设

水管在进行地面铺设时,管长超过 6000mm 时,需要采用 U 形管,其长度不得低于 150mm,不得高于 400mm。在地面水管进行交叉时,同样会用到过桥弯头,且支管必须安装在主管道下方,使水管处在同一平面上,如图 8-11 所示。管道铺设在地面,要按坡向、坡度开槽并用水泥砂浆夯实。

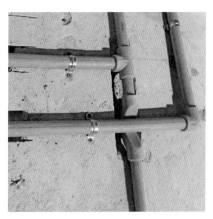

图 8-11 地面水管交叉

8.5 水管连接

8.5.1 PP–R 管连接

首先用专用的标尺和合适的笔在管材上测量出实际使用的尺寸（图 8-12），然后用专用的剪切工具剪切管材。剪切后的管材端面应去除毛边和毛刺。管材与管件连接端面必须清洁、干燥、无油污。当热熔器加热到 240℃时（指示灯亮以后），将管材和管件同时推进热熔器的模头内加热（图 8-13）。加热 2min 左右，当模头上出现一圈 PP-R 热熔凸缘时（图 8-14），将管材、管件从模头上同时取下，迅速无旋转地直插到所标深度，使接头处形成均匀凸缘直至冷却（图 8-15 ）。

图 8-12 画线

图 8-13 加热

图 8-14 PP-R 热熔至凸缘

图 8-15 连接

8.5.2 钢管的连接

钢管与钢管的连接有螺纹连接、套管连接和焊接连接三种方法，如图 8-16 所示。镀锌钢管和薄壁钢管应用螺纹连接或套管紧定螺钉连接，不应采用熔焊连接。

图 8-16 管与管的连接方法

管与管的连接方法

螺纹连接：钢管与钢管间用螺纹连接时，管端螺纹长度不应小于管接头的1/2；连接后，螺纹宜外露2~3扣。螺纹表面应光滑、无缺损。螺纹连接应使用全扣管接头，连接管端部套丝，两管拧进管接头长度不可小于管接头长度的1/2，使两管端之间吻合

套管连接：钢管之间的连接，一般采用套管连接。而套管连接宜用于暗配管，套管长度为连接管外径的1.5~3倍；连接管的对口处应在套管的中心。当没有合适管径做套管时，也可将较大管径的套管逐个冲开一条缝隙，将套管缝隙处用手锤击打使缝贴紧做套管。施工中严禁不同管径的管直接套管连接

对口焊接：当暗配黑色钢管管径在80mm及其以上时，使用套管连接较困难时，也可将两连接管端敲打出喇叭口再进行管与管之间对口焊接连接，焊口应焊接牢固、严密

8.5.3　排水管连接

先准备好要接的管件和专用PVC管，把直管锯成相应的尺寸，注意加上插入管件的部分尺寸，在直管向上插入管件的部分抹胶（图8-17），将直管向上插入管件粘牢（图8-18），最后将直管直接插入下面的管件（图8-19），不用抹胶，这样的接法下水管还可调节。

图8-17　部分抹胶　　　图8-18　插入管件　　　图8-19　直接插入管件

8.6　打压试水

8.6.1　试压前的准备

关闭进水总阀门，并堵住所有出水口（图8-20），用软管将冷热水管连接起来（图8-21），使整个水路形成一个闭合的回路。室内各配水设备一律不得安装，并将敞开的管口堵严，在试压管道系统的最高点处设置排气阀，管路中各阀门均应打开。对全系统进行全面检查，确认无敞口管头及遗漏项目后，即可向管路系统注水进行试压。

 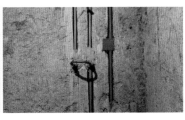

图8-20　出水口　　　　　　　图8-21　冷热水管连接

8.6.2　管道试压

连接好打压泵（图 8-22），将打压泵注满水，且将压力表数值调整到 0 位。摇动压杆使压力表指针指向 0.9~1.0（此刻压力是正常水压的 3 倍），并保持这个数值一定时间（不同的材料所测定的时间不同，一般来说，等待 20~30min 或更长时间）。逐个检查堵头、内丝接头等，看是否有渗水现象，打压泵数值在测压期间没有下降或下降幅度保持在 10% 左右，则说明测压成功。

图 8-22　连接打压泵

8.7　防水处理

8.7.1　涂刷防水涂料准备工作

在做防水前，要先埋好已经铺设完成的给排水管、排污管等，整平地基表面后在上面刷一层素水泥浆，待素水泥浆干燥后，即可进行防水处理。

做防水前，一定要把需要做防水的墙面和地面打扫干净，否则，再好的防水剂也起不到防水的作用，如图 8-23 所示。

打扫

扫码观看本视频

图 8-23　打扫

8.7.2 防水处理施工

将防水涂料倒入容器中（图8-24），再将粉料慢慢地倒入液体中（图8-25），使用搅拌器进行充分搅拌，搅拌至形成无生粉团和颗粒的均匀浆液为止（图8-26）。

图 8-24　倒液体涂料　　　图 8-25　倒粉料　　　图 8-26　搅拌均匀

在卫生间、厨房的地面洒水，润湿地面，墙面需涂抹防水涂料处也需要洒水（图8-27），将搅拌好的防水涂料均匀地涂抹在墙面与地面上。

卫生间一般自地平面向上，在墙面涂30cm高，这样能很好地防止积水渗透到墙里形成返潮，有淋浴的防水要做到1.8m高（图8-28），这样喷头的水就不容易渗透到墙里。如果有到顶的衣柜，则防水必须做到顶。

在卫生间、厨房的门口一定要涂好防水涂料，尤其是边角处，一定要高出地面（图8-29）。在墙与地面交接处（图8-30），管与地面交接处（图8-31）等地方，一定要多刷防水涂料，最好反复交错涂刷，以防漏水。

做防水1　　　做防水2

扫码观看本视频　　扫码观看本视频

图 8-27　润湿地面、墙面　图 8-28　淋浴的防水　图 8-29　厨房的门口

防水一般做两遍，待第一遍略微干涸后，进行后一次涂刷（刚好不粘手，一般间隔1~2h）。

图8-30　墙与地面交接　　　　图8-31　管与地面交接处

8.7.3 闭水实验

涂刷第二遍防水完成后，隔24h开始做闭水试验。首先要封堵地漏、面盆、便器等的排水口（图8-32）。制作挡水条，堵住卫生间门口。

开始蓄水，水深保持在50~200mm，并做好水位标记，且水不能直接落在地面上，要用桶或其他用具接住，使水有一个缓冲（图8-33）。水位高度不可以超过挡水条的高度。之后静置24~48h，第一天闭水试验要看墙体与地面，看水位线是否有明显下降，检查墙体四周和地面是否有渗透现象。第二天闭水试验完成后，还要到楼下查看天花板以及管道接缝处是否有渗水现象。

图8-32　封堵排水口　　　　　图8-33　挡水

9

家装水工常用设施安装

9.1　厨房水槽与配件安装

一般水槽的安装方式有台上水槽、台中水槽和台下水槽（也就是台底水槽）三种。图 9-1 为水槽下水组件安装示意。

图 9-1　水槽下水组件安装示意

在大理石台面上开水槽孔，根据所选择的款式，告知厂商开孔的尺寸与方式。开好孔之后，将运来的水槽拆封，检查是否有损坏。

检查无误后，将事先安装在水龙头上的进水管一端连接到进水开关处，安装时要注意衔接处的牢固，且冷热水管的位置切勿搞错。图9-2为水槽安装步骤。

将水槽按入石材台面的孔洞之中，开始安装溢水孔下水管（图9-3）与过滤篮下水孔（图9-4），在安装时要注意与孔槽的密封性。之后安装整体排水管，根据实际情况对配套的排水管进行切割，基本安装结束后再安装过滤篮。

安装完成后要进行排水试验，将水槽注满水，同时测试两个过滤篮下水和溢水孔的排水情况，如果发现渗水，就紧固固定螺帽或者进行打胶处理。排水试验做完之后，确认没有问题，在水槽与台面连接缝隙之间使用玻璃胶进行封边。

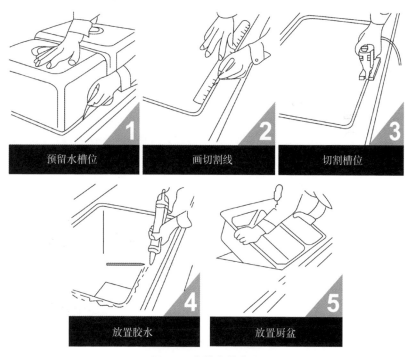

图9-2 水槽安装步骤

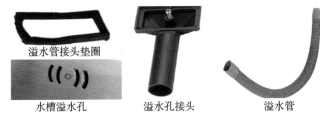

溢水管接头垫圈

水槽溢水孔　　　　　　　溢水孔接头　　　　　　　溢水管

图 9-3　溢水孔下水管件

图 9-4　过滤篮下水孔

9.1.1　台上水槽安装

台上水槽安装如图 9-5 所示。台上水槽的安装方式，是三种安装方式中最为简单的一种方式。这样安装，水槽边就会跟台面形成一个台阶，所以会有集污的情况，也比较不容易打理。其步骤在本章开头有介绍，故不再重复。

图 9-5　台上水槽安装

9.1.2　台中水槽安装

台中水槽安装方式也叫平镶式安装，如图 9-6 所示。就是让水槽的边和橱柜的台面平齐。这样，水槽边就不会跟台面形成一个台阶，所以不会有集污的情况，也比较容易打理，但是对开槽师傅的技术有一定要求。台中水槽安装步骤与台上水槽安装基本相同，就是开孔稍微复杂一点，除了正常开孔之外，还需要在台面刨一圈浅槽，也就是刨去一个水槽边的厚度。

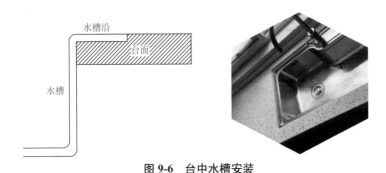

图 9-6　台中水槽安装

9.1.3　台下水槽安装

台下水槽安装如图 9-7 所示。由于台下水槽材料的原因，一般都比较重，所以台下水槽安装时最好要有支架。根据台下水槽的尺寸定做专门的台下水槽支架。

（1）台下水槽支架安装。通常的支撑方式是用支架托住台下水槽，再将支架与墙面固定。确定台下水槽安装位置后，根据台下水槽的尺寸，最好测出台下水槽低端与台面的垂直距离，得到的数据就作为支架在墙面水平方向上的对应最低点。

（2）台面打孔。工人会根据说明书上给出的尺寸用砂轮机磨出孔洞，第一次打出的孔洞很难完全契合，带有尖锐棱角的要继续打磨直到磨圆，更细节的地方就用砂纸来磨。

（3）下夹石板打孔。找出与台面材质相同的一块石材用来制作下夹板，按照第一步的方法打孔。要注意的是，下夹石板主要是从下往上套住水槽，所以孔洞相比台面的孔洞小，只要刚好可以套过水槽。至于夹石板的边角，要根据水槽的边缘和形状打磨掉一层，并将表面处理干净。

（4）台下水槽和台面粘结。用夹石板从下往上套住水槽，扣在台面底部与支架之间。用云石胶将台下水槽与台面粘牢。

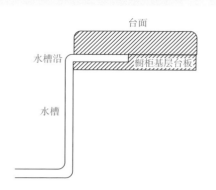

图 9-7　台下水槽安装

9.1.4　厨房水槽水龙头安装

安装需要 1 个水龙头（带安装配件）、2 根尖头软管（图 9-8），将水龙头的安装配件从水龙头上拆下，套在软管内，从上到下（尖头一边为上）顺序为垫圈、安装脚、大螺母（其中垫圈起减震缓冲作用）。将套好水龙头配件的进水软管从水槽下面往上穿（图 9-9），将软管与水龙头安装好，软管拧紧，拧紧安装脚和水龙头（图 9-10），装好安装脚（图 9-11），拧紧大螺母（图 9-12），水龙头安装完成。

图 9-8　安装水龙头与配件

图 9-9　软管上穿

图 9-10　软管与水龙头安装

图 9-11　装好安装脚

图 9-12　拧紧大螺母

在安装水龙头时要注意，安装前要把冷热水打开，冲刷掉水管内的杂质，以免损坏水龙头。

9.2　面盆与配件安装

面盆的安装方法一般有两种，分别是台上盆安装与台下盆安装。

在切割图上把面盆的图纸裁下，将切割下来的图纸平铺在台面上，按照图纸尺寸切割面盆的安装孔与打磨，按照安装的水龙头与台面的尺寸正确切割水龙头安装孔。之后进行台下的支架安装（台上盆可不做支架），把面盆暂时安装在已经切好的台面安装口内，检查间隙，并做好标记。在面盆边缘口上涂上硅胶密封材料，把面盆对准安装孔放下，跟先前的记号相校准并向上压实。使用厂商随货附带的面盆与台面的连接件，将面盆与台面紧密地连接在一起。等到密封胶硬化后，安装水龙头，然后连接进水口与排水管件。图9-13为水槽安装部分步骤。

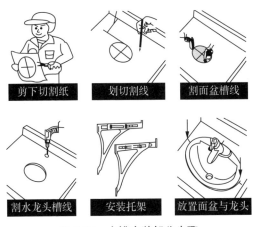

| 剪下切割纸 | 划切割线 | 割面盆槽线 |

| 割水龙头槽线 | 安装托架 | 放置面盆与龙头 |

图 9-13　水槽安装部分步骤

9.2.1　台上盆安装

台上盆是一种洁具，卫生间内用于洗脸、洗手的瓷盆。台上盆安装结构如图9-14所示。台上盆的安装比较简单，其步骤可参考台上水槽安装，故不再重复。台上盆使用时台面的水不会顺缝隙下流，所以在家庭中使用得比较多。在造型上有比较多的变化，在风格的选择上余地较大，且装修效果比较理想。

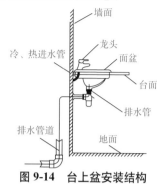

图 9-14　台上盆安装结构

9.2.2　台下盆安装

台盆完全凹陷于台面以下的叫做台下盆。台下盆安装结构如图9-15 所示。台下盆安装完后整体外观比较整洁也容易打理，所以在公共场所使用较多。但盆与台面的接合处就比较容易藏污纳垢。而且，台下盆对安装工艺要求较高。样式比较单一，唯一可以发挥的就是台面的颜色形状，所以一般在家庭中使用得很少。

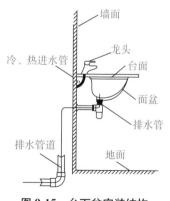

图 9-15　台下盆安装结构

9.2.3　立柱盆安装

立柱盆是一种洁具，在地面上以直立式状态呈现，置于卫生间内用于洗脸、洗手的瓷盆。

　　将盆放在立柱上，挪动面盆使其与柱接触吻合，移动整体至定位的安装位置，将水平尺放在盆上，校正面盆水平位置，面盆的下水口与墙上出水口的位置相对应，如果有差，需要移动面盆使其再度吻合并校正。在墙与地面上分别做标记，标出面盆与立柱的安装孔位置，将面盆与立柱移开后，按照厂商提供的螺栓大小，在墙与顶面标记处分别打孔，塞入膨胀管，将螺杆分别固定（按产品安装要求留外露长度）。安装水龙头与排水组件，之后将立柱固定在地面上，面盆置于立柱之上，安装面涂玻璃胶，安装孔对准螺栓将面盆固定在墙上，并使螺杆穿过安装孔。

　　将垫片，螺母等配件按顺序套入螺杆，用扳手旋紧螺母直至垫圈与盆接触为止，再盖上装饰帽。连接供水管和排水管（如果分冷、热水，根据水龙头上的标志连接）。将立柱与地面接触的边缘，立柱与洗面器接触的边缘涂上玻璃胶，放在洗面器下面固定。用软管连接角阀并放水冲出进水管内残渣。试冲水，无异常则可使用。图 9-16 为立柱盆安装步骤。

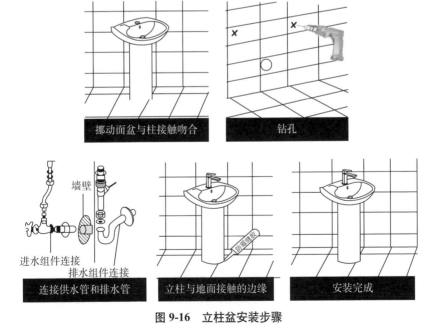

图 9-16　立柱盆安装步骤

9.2.4　面盆水龙头安装

插入冷热水软管（红色为热水管，蓝色为冷水管），将水龙头的组件放入面盆装水龙头位置的孔中，并调整到适合的位置，依次套入安装垫片、安装垫板和螺母。用力拧紧螺母，把水龙头固定在台面上。将进水软管分别拧在供水阀上，注意冷热进水管和冷热水进水阀的配对。连接冷热水管，确保已拧紧所有连接处。打开排水器，打开主供水源，检查水龙头各处是否有泄漏，使水流通过出水口，关闭阀。图 9-17 为面盆水龙头安装步骤。

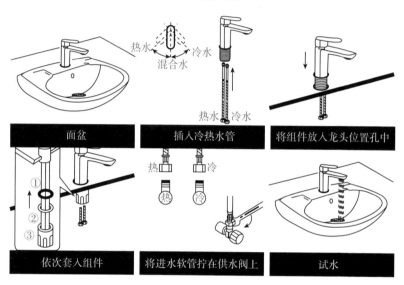

图 9-17　面盆水龙头安装步骤

9.3　便器安装

9.3.1　蹲便器安装

根据所安装产品的排污口，在距离墙面适当位置预留下水道，确定下水管道入口距地面的高度，在地面下预留蹲便器凹坑，其深度大于蹲便器的高度(图 9-18)。将蹲便器固定在安装位置(图 9-19)，将连接胶塞放入蹲便器的进水孔内卡紧，在与蹲便器进水孔接触的外边缘涂上一层玻璃胶或油灰，将进水管插入胶塞入进水孔内，使之与胶塞密封良好，防止漏水。在出水口外边缘涂上一层玻璃胶或油灰，放入下水管的入口旋合，用焦煤渣或其他填充物将便器架设水平。再用水泥砂浆将蹲便器固定在水平面上，确认无误后再在水泥砂浆上铺设卫生间瓷砖。

图 9-18　蹲便器凹坑　　　　图 9-19　蹲便器固定

水箱安装步骤：首先查看蹲便器冲水箱的所有配件（图 9-20），检查是否具备所有的零配件，并且了解便池冲水箱所有配件的用途，明白零配件的安装部位。

再将接厕管、弯管、直管按顺序接好（图 9-21），套上密封圈后接入蹲便器的冲水孔（图 9-22），接厕管与弯管要装配到位，即接厕管的端面要接触到弯管中的筋条端面。在安装蹲便器水箱时，O 形圈与它接触的管内壁不可有沙粒等杂物，否则会影响密封性能。将两个挂钩用螺钉和膨胀管固定在墙上（图 9-23），从直管上依次套入锁紧螺母、垫片、锥垫。将水箱由上往下套入挂钩，并将水箱底部的排水底座套入直管，然后用锁紧螺母旋紧水箱底的螺纹（图 9-24）。完成连接以后，需要进行试水操作。检查管道是否有漏水问题，一旦发现问题一定要及时处理，可以查看说明书进行重新安装。

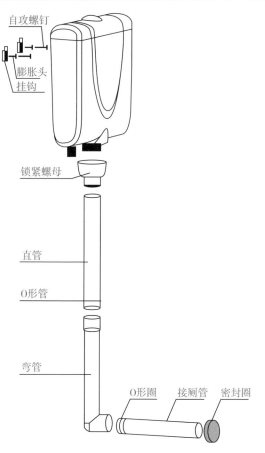

自攻螺钉

膨胀头
挂钩

锁紧螺母

直管

O形管

弯管

O形圈　接厕管　密封圈

图 9-20　蹲便器冲水箱的所有配件

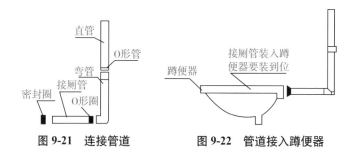

直管

O形管

弯管

接厕管

密封圈

O形圈

图 9-21　连接管道

接厕管装入蹲
便器要装到位

蹲便器

图 9-22　管道接入蹲便器

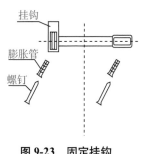

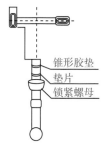

图 9-23 固定挂钩

图 9-24 安装管道

9.3.2 坐便器安装

坐便器（图 9-25）又称为陶瓷坐便器、抽水马桶、坐式便器。

步骤：检查排污管道是否有泥沙等杂物堵塞，并清理干净，之后对安装坐便器的地面检查，如果地面不够平整就需要将地面铺平，把排污口进行切割打磨（图 9-26）。切割排污管的时候，不要把排污管切得和地面平齐，要留出来一点，然后使用打磨器打磨平整。直接在排污中心处画上十字，画大一些，延伸至坐便器底部和四周

坐便器主要规格

扫码观看本文件

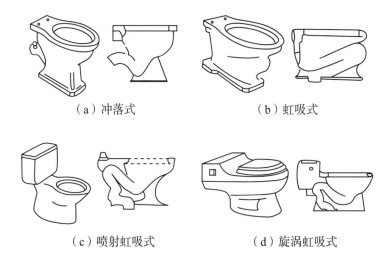

（a）冲落式   （b）虹吸式

（c）喷射虹吸式   （d）旋涡虹吸式

图 9-25 坐便器

的脚边，方便将坐便器排污口对准地面的排污中心。在固定坐便器之前，需要把法兰套在坐便器排污管上（图9-27），对准下水管轻稳放下（图9-28），下水管的管壁插到法兰的黏性胶泥里，对准好十字后用力压紧密封圈，然后安装地脚的螺栓与装饰帽（现在普遍都不装地脚螺栓）。在坐便器的底部四周涂上一层玻璃胶或者使用水泥密封（图9-29）。

安装水箱配件之前，先把管道冲洗干净，可以放水3~5min冲洗，当自来水管干净后就可以把软管与角阀连接上（图9-30），然后再把软管与安装好的水箱配件进行水阀的连接（图9-31），之后接通水源进行检测。

图9-26　切割排污管

图9-27　法兰套

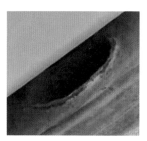

图9-28　对准下水管

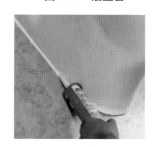

图9-29　涂玻璃胶

图9-30　软管与角阀连接

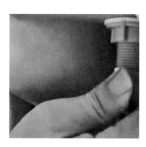

图9-31　软管与水箱配件的水阀连接

9.4 淋浴器安装

淋浴器是用流动水冲洗头部和全身，借着水流自身压力和冲刷对人体有一种机械刺激作用，具有清洁卫生、避免疾病传染、占地面积小、设备较简单等优点。淋浴者可直接站立在经过表面处理的地板上，也可以在淋浴者站立处安装淋浴盆，规格从 750~900mm 不等，盆深为 50~200mm。

9.4.1 普通淋浴器安装

步骤：淋浴器安装时先将冷、热水水平支管及其配件用螺纹连接安装好，在热水管上安装短节和阀门，在冷水管上配抱弯再安装阀门，混合管的半圆弯用活接头与冷、热水的阀门连接，最后装上混合管和喷头，混合管上端应设一单管卡。两组以上淋浴器成组安装时，阀门、喷头及管卡应保持在同一高度，两组淋浴器间距为 900~1000mm。

普通淋浴器依靠水压作用形成雨状射流，其形式很多，如图 9-32 所示。

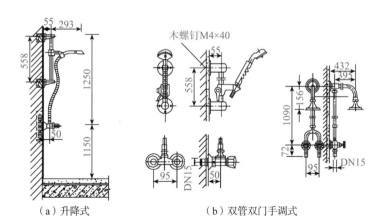

（a）升降式　　　　（b）双管双门手调式

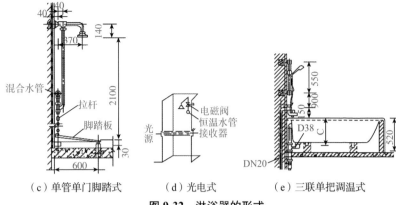

（c）单管单门脚踏式　　　（d）光电式　　　　（e）三联单把调温式

图 9-32　淋浴器的形式

9.4.2　管式淋浴器安装

步骤：首先在墙上确定管子中心线和阀门水平中心线的位置，并根据设计要求下料。淋浴器拧入锁母处丝扣内后，将固定圆盘与墙面紧贴，并用木螺钉固定。热水管暗装时，找正、找平预留冷热水管口后，安装短管和弯头；冷、热水管明装时，制作元宝弯并装管箍，淋浴器与管箍或弯头连接。其安装如图 9-33 所示。

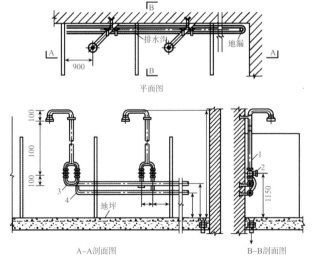

图 9-33　淋浴器安装示意

1—淋浴器；2—截止阀；3—热水器；4—给水管；5—地漏

成品淋浴房安装时需先将淋浴房本体组装牢固，然后连接淋浴房的进水和排水。其安装方法同淋浴器。若为高级多功能电脑淋浴房，还须进行电路连接。

9.5 浴霸安装

9.5.1 吊顶式浴霸安装

步骤：确定墙壁上通风孔的位置（应在吊顶上方 150mm 处），在该位置开一个直径为 105mm 的圆孔。将通风管的一端套上通风窗，另一端从墙壁外沿通气孔伸入室内，将通风窗固定在外墙出风口处，通风管与通风孔的空隙处用水泥填封，如图 9-34 所示。确定浴霸安装位置，为了取得最佳的取暖效果，浴霸应安装在浴缸或淋浴房中央正上方的吊顶上，安装完毕后，灯泡离地面的高度应在 2.1~2.3m 之间，过高或过低都会影响其使用效果。

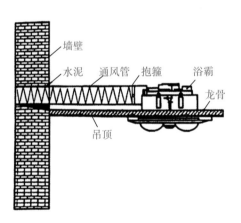

图 9-34 通风孔确定与通风管安装示意

用 30mm×40mm 的木档铺设安装龙骨（龙骨应保证足够的强度），按照开孔尺寸在安装位置留出空间，吊顶与房屋顶部形成的夹层空间高度不能小于 200mm。按照箱体实际尺寸在吊顶上产品安装位置切割出相应孔洞，方孔边缘距离墙壁应不小于 250mm（图 9-35）。

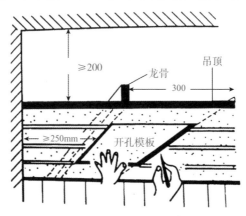

图 9-35　浴霸开孔示意

把浴霸所有灯泡拧下，将弹簧从面罩的环上脱开并取下面罩。按接线图（图 9-36）将互连软线的一端与开关面板接好，另一端与电源线一起从天花板开孔内拉出，打开箱体上的接线盒盖，按接线图及接线柱标志所示接好线，盖上接线盒盖，用螺钉将接线盒盖固定。然后将多余的电线塞进吊顶内，以便箱体能顺利塞进孔内。产品上提供的插头为试机使用，当产品连接电源时，应注意选择大于 1mm^{2}的铜芯线，同时注意要可靠接地。接线时两人协助进行，一人托箱体，一人接线。

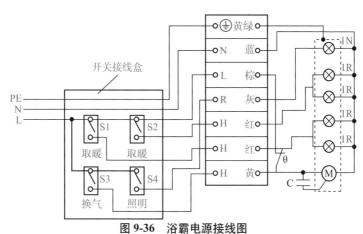

图 9-36　浴霸电源接线图

把通风管伸进室内的一端拉出，插在浴霸出风罩壳的出风口上，用抱箍扎紧。注意通风管的走向尽量保持笔直。将箱体推进开孔内，根据出风口的位置选择正确的方向把浴霸的箱体塞进开孔内，如图9-37 所示。注意电源线不要碰到箱体。用 4 颗木螺钉（$\phi4 \times 20mm$ 的沉头螺钉，石膏板安装螺钉长度应增加石膏板的厚度）将浴霸固紧在木龙骨上，如图 9-37 所示。

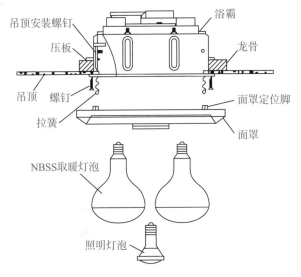

图 9-37　浴霸的装配及箱体固定

将面罩定位脚与箱体定位槽对准后插入，把弹簧钩在面罩对应的挂环上。细心地旋上所有灯泡，使之与灯座保持良好的电接触，然后将灯泡与面罩擦拭干净。将开关固定在墙上，以防止使用时电源线承受拉力。固定位置应能有效防止水溅。

9.5.2　壁挂式浴霸安装

步骤：了解壁挂式浴霸的重量，一般在 17kg 左右，根据家人的最高身高（一般超过最高身高 10~15cm）以及浴霸的宽度，在墙面用卷尺量出相应的距离，并进行画线（图 9-38），然后把安装挂件下端对准标点，用记号笔画出打孔的位置（图 9-39）。在标出的打孔位置上打孔，在孔中插入膨胀管，将安装挂件放在相应位置上，螺钉放在膨胀管里拧紧,两边都要进行固定,安装挂件固定完成(图 9-40)。打开灯罩，拧下灯泡后将浴霸背面挂孔对准安装挂件上的挂钩，轻轻向上一挂（图9-41），挂好后检查安装孔内挂钩是否挂牢，检查无误后，安装灯泡并安上灯罩，壁挂式浴霸安装完成。

图 9-38　画线

图 9-39　画出打孔的位置

图 9-40　固定安装挂件

图 9-41　安装浴霸

9.6　地暖安装

9.6.1　地暖分类

地暖可以分为两种方式，分别为电暖与水暖，电暖分为电缆线电暖、电热膜电暖、碳晶采暖以及电散热器电暖等。水暖可分为低温地板辐射采暖、散热器采暖以及混合采暖等。电暖与水暖的对比见表9-1。

采暖设计方式常见问题

扫码观看本资料

表 9-1 电暖与水暖的对比

比较项目	水暖	电暖
安装	湿式地暖，安装难度大，系统维护、调试成本高，耗费人力与时间多，干式地暖施工简单，耗费人力与时间少	安装简便，耗费人力多，时间较短
采暖效果	预热时间 3h 以上，地面达到均匀热至少需要 4h，冷热点温差 10℃	预热时间 2~3h，均热需要 4h 左右，冷热点温差 10℃
层高影响	保温层 2cm+ 盘管 2cm+ 混凝土层 5cm=9cm	保温层 2cm+ 混凝土层 5cm=7cm
耗能	实际使用耗能很高，经验数值为 100 ㎡ 的房间每月 1800 元以上	电能耗高，经验数值为 100 ㎡ 的房间每月 1500 元以上
使用寿命	地下盘管 50 年，铜制分集水器 10~15 年，锅炉整体寿命 10~15 年	地下发热电缆 30~50 年，10 年之内电缆外护套层有老化现象，热损增高，温控器 3~8 年

9.6.2 地暖常见布管方式

地暖常见布管方式有三种，如图 9-42 所示。

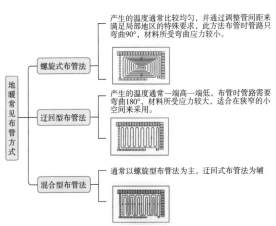

图 9-42 地暖常见布管方式

9.6.3 地暖管常见固定方式

地暖管常见固定方式，一般分为五种，如图 9-43 所示。

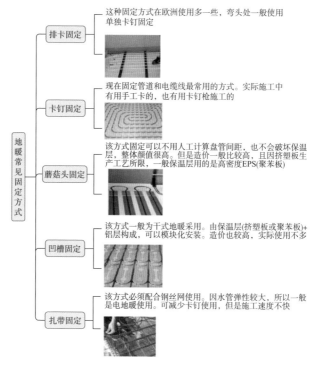

图 9-43　地暖管常见固定方式

9.6.4 地暖系统主要组件

水地暖系统主要组件如图 9-44 所示。

（1）供水管末端组件：双向接口堵头、自动排气阀、双位球阀、注水 / 泄水连接口。

（2）压差旁通阀：定值压差旁通阀安装在供回水主管之间，能在流量变化时自动维持系统压差。

（3）回水管末端组件：双向接口堵头、三位球阀、上堵头、注水 / 泄水连接口组成。

（4）管接头：地暖系统的管材直径范围较多，自适应尺寸型管接头适合于将各种塑料管材与分集水器支管迅速、方便地连接。

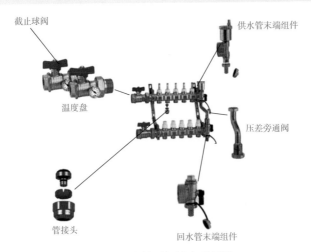

截止球阀

供水管末端组件

温度盘

压差旁通阀

管接头

回水管末端组件

图 9-44　水地暖系统主要组件

4.6.5　分集水器设置位置

（1）分集水器靠墙设置，如图 9-45 所示，一般每个区域分一路。

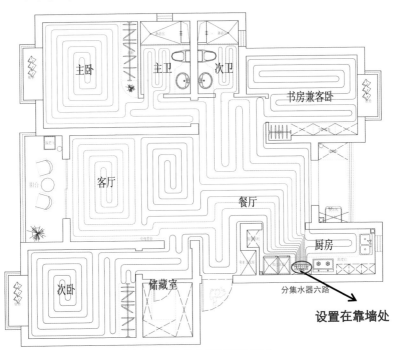

主卧　主卫　次卫

书房兼客卧

客厅

餐厅

厨房

次卧　储藏室

分集水器六路

设置在靠墙处

图 9-45　分集水器设置位置 1

（2）可设置在厨房墙内，如图 9-46 所示。

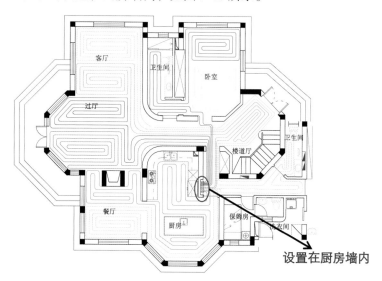

图 9-46　分集水器设置位置 2

（3）可设置在卫生间台盆下，如图 9-47 所示。

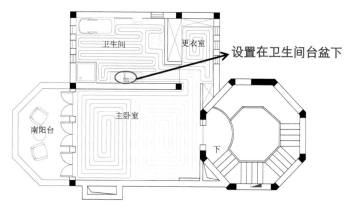

图 9-47　分集水器设置位置 3

9.6.6　组装与安装分集水器

步骤：进场后把施工现场清理干净，并确定主机（壁挂炉）及分集水器的安装位置，为后面施工做准备。将分集水器的配件摆放在一起（图9-48），之后将两根主管平行摆放，并用螺钉拧紧在固定支架上。在分集水器的活接头上依次缠绕草绳与防水胶带，每种至少缠绕5圈以上，然后将活接头与主管连接拧紧（图9-49）。将分集水器按预先划定的位置靠墙安装，安装要做到平直、牢固。

图 9-48　分集水器的配件

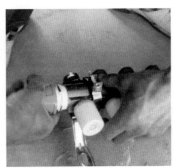

图 9-49　活接头与主管连接

9.6.7　铺设保温板

步骤：边角保温板沿墙面平整、搭接严密地粘贴专用乳胶。底层保温板（图9-50）缝处要用胶粘贴牢固，上面要平整地铺设铝锡纸或粘一层带坐标分割线的复合镀铝聚酯膜。

图 9-50　铺设保温板

9.6.8　铺设反射铝箔膜、钢丝网

步骤：保温板铺设好之后，铺设反射铝箔膜（图9-51），为了防止热量向下流失，运用铝箔反射膜铺设一层保护层。反射铝箔膜平整铺贴在保温板上，不得有褶皱、翘边，并且要遮盖严密，不得有漏保温板或地面的现象。之后在反射铝箔膜上铺设一层严整严密 $\phi 2$ 的钢丝网（图9-52），网孔为 100mm × 100mm，规格为 2m × 1m，网间用扎带捆扎，有不平或翘曲的部位用钢钉固定在楼板上（卫生间、厨房等做防水的房间固定钢丝网时不能打钉）。

图 9-51　铺设反射铝箔膜　　　　**图 9-52　钢丝网**

钢丝网是为能更好地固定采暖管与保护填充层，使其达到使用寿命延长的效果。主要起到均匀温度和拉扯填充层，防止填充层在加热过程中开裂。

9.6.9　铺装地暖管

步骤：地暖管（图 9-53）要用管夹固定在聚苯板（绝热层）上，固定点间距不大于 500mm（按管长方向），大于 90° 的弯曲管段的两端和中间点均应固定。靠近外墙、外窗处以及楼层挑空等耗热量较大区域的管路要加密，并用塑料卡钉将管材固定于保温板及反射膜上。当地面面积超过

图 9-53　铺装地暖管

30m^2 或边长超过 6m 时，回路与回路之间应设置伸缩缝。切割宽度为 2.5cm 的保温板，用扎带固定在第一层钢丝网上作为伸缩缝。伸缩缝应从绝热层的上边缘到填充层的上边缘整个截面上隔开。

9.6.10　压力测试

步骤：检查加热管是否有损伤，间距是否符合要求后，进行水压实验。在分集水器上选两管道，分别装上压力表及阀门（不选同一回路的两根管道）。把分集水器上的排气阀打开，然后往系统里注

入自来水，等排气阀有水均匀流出时，关闭排气阀。关闭阀门，取下自来水管，装上打压泵（图9-54）对地暖打压，试验压力为工作压力的1.5~2倍。将系统压力升到不小于0.6MPa后停止打压，稳压1小时内压力降不大于0.05MPa，各处无渗漏现象为合格。拆下打压泵，装上堵头，再打开阀门，此时为系统正常压力，一直保持到施工结束。

图9-54　打压试验

9.6.11　回填

步骤：地暖验收合格后，回填水泥砂浆层（图9-55），加热管保持不小于0.4MPa的压力，将回填的水泥砂浆层用人工抹压密实（图9-56），不得用机械振捣，不等踩压已经铺好的管道。水泥砂浆填充风干，达到养护条件后，再对地暖进行泄压。

采暖设计要点

扫码观看本资料

图9-55　回填水泥砂浆层

图9-56　人工抹压密实

参考文献

[1] 王兰君. 电工基础自学入门 [M]. 北京：电子工业出版社，2017.

[2] 韩雪涛. 电工从入门到精通 [M]. 北京：化学工业出版社，2017.

[3] 张振文. 电工电路识图、布线、接线与维修 [M]. 北京：化学工业出版社，2018.

[4] 闵玉辉. 一天看懂建筑水暖电施工图 [M]. 福州：福建科学技术出版社，2016.

[5] 王全福. 暖通识图快速入门 [M]. 北京：机械工业出版社，2013.

[6] 本书编委会. 水暖工程施工图识读入门 [M]. 北京：中国建材工业出版社，2012.

[7] 潘旺林. 我要做水电工能手 [M]. 北京：国防工业出版社，2011.

[8] 阳鸿钧. 装饰装修水电工 1000 个怎么办 [M]. 北京：中国电力出版社，2011.

[9] 乔长君. 水电工操作技能一本通 [M]. 北京：中国电力出版社，2013.